1小时读懂住宅

[英] 威尔·琼斯（Will Jones）　著
焦　键　译

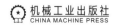

机械工业出版社
CHINA MACHINE PRESS

本书收录了近200座别具特色的住宅建筑，用简单易懂的语言描述，帮您了解各类住宅的类型和建筑风格，理解不同时代的建筑精髓和文化内涵；一目了然的设计理念分析，让您迅速看懂杰出建筑的独特之外，感受艺术与生活的真谛；图文并茂的写作方式、板块清晰的排版方式，摆脱了传统建筑科普书籍的沉闷枯燥，打造轻松快捷的阅读体验。无论是对住宅建筑感兴趣的入门者还是住宅建筑方面的从业者，这本书都能满足您的审美和专业需求，成为您闲暇时全面了解和欣赏住宅建筑的指南。

How to Read Houses / by Will Jones / ISBN: 978-1-4081-8162-1

北京市版权局著作权合同登记　图字：01-2020-3375号。

图书在版编目（CIP）数据

1小时读懂住宅 /（英）威尔·琼斯（Will Jones）著；焦键译. — 北京：机械工业出版社，2023.2（2024.5重印）

书名原文：How to Read Houses

ISBN 978-7-111-72278-6

Ⅰ. ①1…　Ⅱ. ①威…　②焦…　Ⅲ. ①住宅 – 建筑设计 – 普及读物　Ⅳ. ①TU241-49

中国版本图书馆CIP数据核字（2022）第255686号

机械工业出版社（北京市百万庄大街22号　邮政编码100037）

策划编辑：黄丽梅　　　责任编辑：郑志宁

责任校对：韩佳欣　王明欣　　　责任印制：张　博

北京利丰雅高长城印刷有限公司印刷

2024年5月第1版·第2次印刷

145mm × 200mm · 7.75印张 · 2插页 · 147千字

标准书号：ISBN 978-7-111-72278-6

定价：69.00元

电话服务		网络服务
客服电话：	010－88361066	机　工　官　网：www. cmpbook. com
	010－88379833	机　工　官　博：weibo. com/cmp1952
	010－68326294	金　　书　　网：www. golden-book. com
封底无防伪标均为盗版		机工教育服务网：www. cmpedu. com

目 录 CONTENTS

概 述

世界上有很多不同种类的建筑，从教堂、摩天大厦到收费站和公交车站，但没有哪种类型的建筑比住宅更加让人熟悉。无论是当我们前往参观一些标志性建筑时，还是导游在介绍最负有盛名或有历史意义的建筑景观时，居住建筑的设计总是很少受到关注，除非是关于它的建筑师的报道占满了一本设计杂志的专栏。

几乎每座建筑的设计都是参考了一种或几种风格的。它的尺寸、形状、布局、特征和装饰，每一个要素都明确传达了来自某种特定建筑运动的影响，或者提示我们建筑师在设计时的灵感来自于某种特定的建筑风格。相比任何其他类型的建筑，住宅能更好地向我们展示建筑史。

除此之外，中世纪以来，住宅的设计就受到设计师和建造者所属国家的影响。我们可以通过识别住宅上的细微差别并将其追溯到具体的国家或居住群落。

典型的现代主义

勒·柯布西耶设计的萨伏伊别墅是地处法国的一幢郊区住宅。它有着鲜明的形式特征：水平长窗，平屋顶花园，纤长且简朴的柱子。这些特征也都是现代主义风格的标志。

CTION

比如，美洲曾主要由欧洲人殖民统治，并且欧洲人带来了他们的传统建筑风格——殖民地风格。然而，随着越来越多殖民者的迁入和时间的推移，各自的民族风格混合起来，一种新殖民时期建筑风格由此诞生。那么当初到底是什么在驱动着工匠们和建筑师们的建造？如今又能给当下的设计师们带来何种启发去放弃或追随不同的建筑潮流呢？答案有很多种，并且几乎全都能从设计理念上解读出来，就算有一些不易被解读，也很容易被识别。

以图片中的两座住宅为例。马克·吐温故居的华丽与萨伏伊别墅的简朴完全不同；萨伏伊别墅避开奢侈的设计更趋于功能性。总之需要说明的是：每座住宅都有区别于其他住宅的特征。

维多利亚式风格建筑，带有哥特式元素

屋顶坡度、窗的位置和装饰都告诉我们坐落于美国哈特福德的马克·吐温故居是维多利亚式风格的，并且带有一点哥特式元素。

这一切皆有线索可寻。尽管有些线索没有刚刚所提到的这两座住宅那么明显，但仔细甄别，即使是最不起眼的住宅也能显露出它的风格和设计历史。诀窍是要学习如何去寻找线索，而本书将指引你成为一个真正的住宅建筑方面的“侦探”。

概述 • 寻找线索

维多利亚式风格

建筑师们从备受限制的乔治王统治时期进入维多利亚女王统治时代后引发了一股浮夸的热潮。不同尺寸的凸窗，有色砖墙，屋顶边缘的装饰细节都宣告了一种新建筑风格的到来。

和学习数学不同，关于建筑风格的问题往往没有明确的答案。正如“风格”一词所暗示的，你需要寻找一些能得出部分答案的暗示或特征。以本页图片中的两座住宅为例，一座是维多利亚式风格城市住宅，一座是草原式风格郊区住宅。虽然它们有着类似的特征，门、窗、坡屋顶等，这些特征的形式却完全不同。向上建造的维多利亚式风格住宅和水平展开的草原式风格住宅形成了鲜明对比。草原式风格住宅的挑檐更大。维多利亚式风格住宅有着凸窗和各种装饰，而草原式风格住宅则舍弃了繁复的装饰，采用整体形式来彰显其特征。

草原式风格

美国广袤的疆土和地理环境深深地影响着住宅的形式，使住宅的体量得以向水平方向扩展，而不是向上延伸。草原式风格住宅采用缓坡屋顶和长阳台，较大的占地面积并以“匍匐”的姿态与土地密切相接。

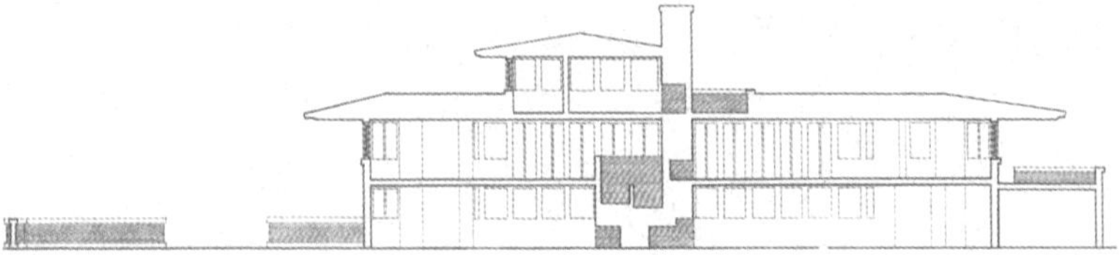

古怪的特征

为什么我们要建造如此奇特的烟囱？因为在都铎王朝时代，封闭式壁炉是一项新发明，而在住宅里配备一个壁炉就是身份的象征。所有者可以通过住宅的屋顶来显示他们的富有，没有什么比这种华丽的建筑风格更能体现这一点了。

以旧迎新

很多设计都借鉴历史，建筑也不例外。比如，添加了柱子以及在正面增加山花装饰都可以让一座相对较新的木结构住宅的风格产生变化。四个圆柱加上三角形山花，就能让一座普通的 20 世纪 60 年代住宅转化为新古典主义风格建筑。

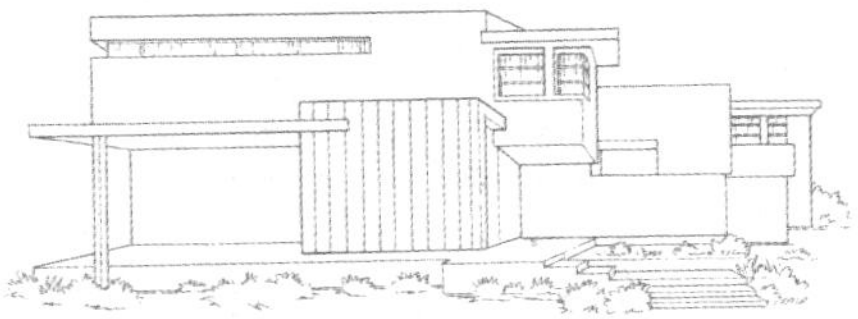

风格暗示

一些设计要素可以明确地指向一种特定的风格，从而使人们能够马上识别出来。比如，水平长窗、隐形木质窗框都是现代主义风格建筑的标志。

反常设计

规则也有例外，比如这座有着百年历史的坡屋顶农舍在改造时被加建了部分现代主义风格建筑，在视觉上呈现了鲜明的对比。有了好的设计，不同风格的混合型建筑也会引人瞩目。

HOUSE TYPES

住宅类型 · 简介

简单的华丽

奥斯卡·尼迈耶设计的别墅——独木舟之家是这位巴西建筑师对单层住宅的现代主义解读。这座简单的住宅没有装饰，只采用一些建筑构件，比如延伸的屋梁和大面积的玻璃，仅凭这些，就对现代主义风格进行了富有戏剧性的诠释。

住宅的形态和尺寸取决于它们所处的地理位置、风格、可用材料以及它们为谁而建。这就是居住建筑有如此大的探索空间的原因。

如同风格特征能够揭示一个时代的建筑时尚一样，一座住宅的尺寸和奢华程度也可以揭示居住者的一些重要信息。比如，一座维多利亚式风格的独立式别墅和维多利亚式风格的工人排屋可能有着相同风格的窗，但两种住所面积大有不同，在那个时代，无论贫富，人们都追求着类似的建筑风格。

住宅的设计风格通常可以从周围的环境中找到线索。这意味着水平方向展开的形式不仅适用于草原式风格住宅，也适用于专为大型工厂的上百名工人设计的小型排屋。同样地，无论是大型多层的维多利亚式风格别墅，占地面积很大的单层草原式风格住宅，还是独立式超大体量的住宅，居住者的富裕程度都可以在房屋的面积上表现出来。解读居住建筑不仅在于探索居住建筑风格或设计思潮，也在于解读居住者及其所思所想。

不同凡响的阳台

阳台有很多种形式。人们经常将它与城市贫穷地段的小房子联系起来。然而，一些十分著名的景观建筑也有阳台。譬如，在伦敦中心的新月公园就有建筑师约翰·纳什设计的大型乔治王时代风格的阳台。

住宅类型 · 多层住宅

多层住宅大概是众多住宅种类中最常见的，因为它充分利用有限的空间来获得相对较大的居住面积。这意味着在同等大小的区域里，多层住宅可以提供更大的居住空间。最初，建造高层建筑是一项挑战，直到都铎王朝时代，住宅依旧限于两层或三层，发展至17世纪，富裕的城市住宅一般有四至五层高，包括地下室、主人使用的主楼层以及佣人使用的低楼层。如今，这样的房子经常被分隔成多间公寓，而且大多数独立住宅只有两个楼层。

宅邸

曼坦宅邸，这座特别的别墅由法国建筑师勒内·莫罗为富商路易斯·曼坦设计建造。它的建筑风格混合了哥特式和文艺复兴式，创造了童话般的美感，让人想起法国早期的大城堡建筑。

一层半住宅

这座加拿大农舍是 19 世纪的典型建筑。正门上面的老虎窗以及房屋山墙末端的窗为上层楼补充光线。老虎窗是哥特式风格的建筑元素，底楼的窗则受到了乔治王时代风格的影响。

三层住宅

这种建在台地边缘上的三层住宅，不论过去还是现在都算是英国城市以及乡村常见的建筑物。很多人都会选择这种形式的住宅，因为它对于一个家庭来说足够大，对于一般收入的阶层来说又足够便宜。从住宅被严格约束的设计风格可以推断出这座建筑是乔治王时代风格的。

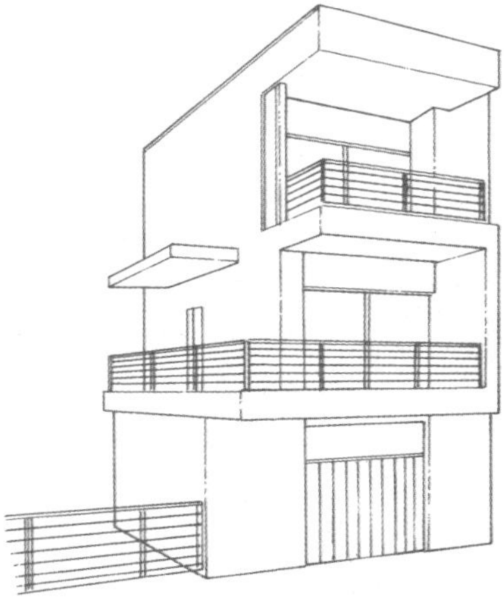

跃层住宅

跃层住宅是两个家庭共用一个建造基地的建筑物。公寓上面还有一层公寓。这里，跃层住宅有着现代主义设计的所有标志，如简明的线条和摒弃不必要装饰的小门廊。最底层是车库。

在美国，与多层住宅相比，单层住宅占地面积会更大，所以一般建造在郊区和农村。有很多此类建筑的优秀案例，因为在郊区没有空间限制，建筑师可以设计牧场式风格的建筑，加上一个院子，呈现出完美的家庭模式。而在其他国家，单层住宅往往很小，而且通常是退休老人们的居所。与一个成长型家庭不同，老年人需要更少的空间，而且最好没有楼梯。当然也有例外，比如下图中菲利普 · 约翰逊为自己设计的玻璃屋。

单层住宅

美国著名建筑师菲利普 · 约翰逊设计的玻璃屋于 1949 年在康涅狄格州的新迦南建成。这是一次现代主义理念的升华实践。除建筑中心的浴室之外，这座小住宅是完全透明的。虽然这种建筑在大多数情况下并不实用，但是它代表着对日常生活所需的精炼与提纯，这也正是广大现代主义风格的爱好者们所追求的。

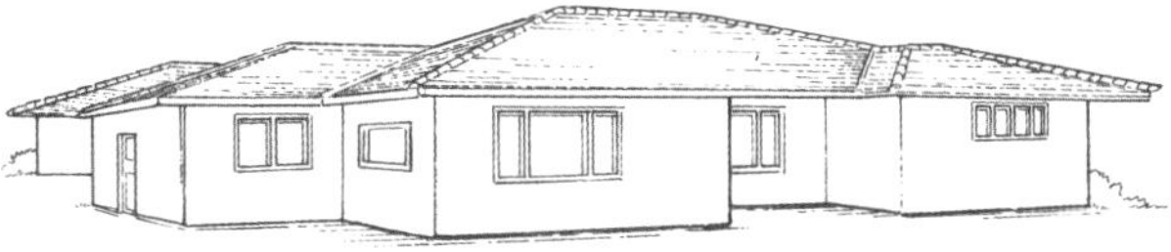

牧场式风格

牧场式风格建筑通常呈L形或U形，有开放性的室内空间，在20世纪的美国十分流行。这些房屋设计简单，融合了现代主义的思想，并借鉴了美国传统牧场建筑的形式。如上图所示，宽且垂悬的屋檐强调了这种长且低矮的建筑风格。

英式平房

典型的英式平房是一间小房子，通常在前门两边有对称的窗，四坡屋顶比较低矮（如上图所示）。英式平房最多包含两间卧室，塑造了一种紧凑内敛的建筑形式，完美契合英国土地稀缺的特点。

地球屋

当人们逐步意识到他们对地球所产生的消极影响时，住宅的设计也变得不同。地球屋一部分被埋入山坡来实现隔热功能，而安装有大面积玻璃的南墙则可以吸收热量。因为建造得高就意味着更多的资金投入，因此地球屋只有一层。建造覆土建筑可以带来长期效益。

新思路

由胡安·卡洛斯·多夫拉多在秘鲁设计的安第斯住宅就是单层建筑的极好案例。它的一部分内置于安第斯山麓，而另一部分无支承地悬挑在地面上方。建筑师利用悬臂梁制造了这种错觉——由接地构件来支承一座建筑悬浮的部分。

克里奥尔风格排屋

在 1788 年的新奥尔良大火之后到 19 世纪中叶，克里奥尔风格的排屋得以大量建造。阳台建在地界线上，铁制栏杆围合的阳台架设在人行道上空。虽说这不是新奥尔良独有的建筑风格，但也无疑成了这个城市的看点。

规模效益可以运用到很多地方，包括住宅。确实，人们建造成排或者阳台相连的房屋产生的最显著效益便是节省空间。工人住在他们工作场所附近的小房屋里，这些房屋排成排，背对背，建得相当紧凑。相反，在乔治王朝时期，连接着公园和新月楼的大阳台在高档城区更为流行。这些阳台往往带有一些古典装饰元素，包括使用希腊复兴式柱子和山花装饰等来提升奢华感。

工人之家

在工业革命时期的英国北部的城市里，一排排的工人住宅十分具有代表性。小住宅虽然不能为大家庭提供足够的空间，但相较于肮脏的贫民窟，低收入工作者依然庆幸于拥有这样与工作场所邻近的住所。

皇室排屋

在英格兰巴斯的兰斯当新月楼就是乔治王时代风格阳台的范例。建于 18 世纪末，由约翰 · 帕尔默设计的新月楼采用了单元重复的设计手法，而它的中心单元则例外，四大壁柱撑起古典风格的三角墙。

加拿大式例外

建在加拿大蒙特利尔的舍布鲁克街东部的这些不寻常的排屋建筑是追求建筑自由过度的证据。乡村化的外墙被奢华的屋顶细节掩盖，新古典主义特征在这些细节中被反复体现。

仿都铎式风格

这座独幢仿都铎式风格的住宅十分特别，设计师把两座 19 世纪的农舍连在一起，使它们看上去是一座独立的建筑。虽然有些不寻常，但将两座住宅合并成一座独立式住宅的想法并不少见。不管怎样，不知名的设计师已经把两座住宅伪装成一座。

独自站在属于自己的土地上，草坪和尖桩篱栅围绕着自己，这如同电影中的独立式住宅，是劳动者的城堡。事实上，独立式住宅有多种形式，也是建筑师验证抽象的理论和实现幻想的平台。不同的独立式住宅的尺寸可以相差很大，从带 30 间卧室的法式城堡到加拿大荒郊野外的圆木小屋，只要一座房子没有与另一座相连，那么它们都有资格被当作独立式住宅。

现代主义理念

美国建筑师理查德·诺伊特拉于 1946 年设计了考夫曼沙漠别墅。这座带有五间卧室的别墅坐落在加利福尼亚州棕榈泉旁。诺伊特拉的设计使得居住者能在室内室外空间自由穿行。

都铎王朝的辉煌

凭借着木结构的墙壁，陡斜的屋顶以及较高的装饰烟囱，都铎王朝时期的宅邸可以像 18 世纪的建筑一样豪华。这座建筑是当时的一大创举。那时候，是房主而不是建筑师负责建造房屋。

新古典主义风格别墅

新古典主义风格设计不是局限在特定的时期内，而且这类建筑使用了特定风格的元素。比如，罗马式拱门和古典主义风格柱子或者简单的矩形窗和西班牙式的檐口细节处理都属于新古典主义风格设计元素，界定这种风格不能看单一元素的使用，应该是特定的元素组合使用才能形成此种建筑风格。

殖民住宅

建于加拿大列治文市的被当作校舍的读者之家是一座 17 世纪的荷兰殖民地风格住宅。木制建筑物和小窗都是那个时代的典型特征。这座住宅曾是部长的家，所以在新住宅里声名显赫。

从新石器时期到人类开始建造住宅的漫长历史来看，集体住宅依然可以算是相对较新的住宅建筑类型。它们大多为多层，且在混凝土和钢筋的时代到来之前，它们的建造十分困难，并且很昂贵。如今，很多人会一起分享一栋建筑，而且随着人口的增长和城市变得越来越拥挤，住宅变得越来越小，越来越集中。住宅的集中有两种形式：新建项目和对现有以及历史悠久的住宅的改造项目。每种类型都各有优势，住在哪里取决于你喜欢崭新的生活空间还是喜欢有着历史魅力的建筑。

活着的遗产

“居住单元”是法国马赛的住宅建筑计划项目，由现代主义风格建筑师勒·柯布西耶设计。他把它看作一座城市，在这座“城市”里，不同背景和社会地位的人聚居在一起，共享商场、医疗系统和体育设施。值得一提的是，在屋顶上还有条跑道。

共管式公寓

共管式公寓是由若干公寓组成的建筑，居住者可以租赁或者购买公寓。然而，由于这些公寓的集体性质，居住者共享服务并承担建筑维修费。除了所有权不同，共管式公寓和我们通常意义上所说的公寓没有区别。

高处生活

云杉街八号是弗兰克·盖里设计的住宅大厦，是纽约曼哈顿最负盛名的建筑之一。它的建造表明人类对高层住宅不断增长的需求。但现今，大多数高层住宅都建在较不富裕的街区为工薪阶级家庭所用。

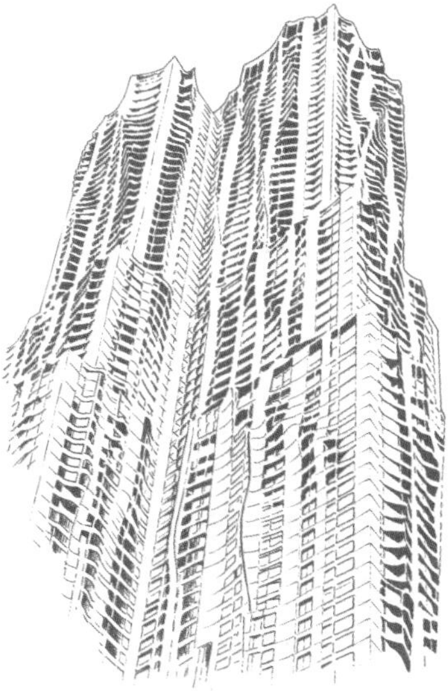

伪装成宅邸

这是一座20世纪20年代在北卡罗来纳州由建筑师邦弗伊设计的住所。这座新古典主义风格的大楼被改造成了18个不同的公寓。越来越多的大型历史性城市住宅都有着相同的命运，始建于城市边缘而最终被淹没在城市之中。

MATERIALS 材料·简介

一座居住建筑选择何种类型的材料取决于很多因素。这个建筑物是什么类型的？建筑的规模有多大？有什么样的建筑材料可以使用？哪些材料经济适用？这个建筑是什么设计风格的？此类因素不胜枚举。

从历史上看，建筑材料的种类并不像现在这么丰富，因此，主流审美通常由地理位置以及风格造就。比如，都铎式风格的住宅通常是填充了泥笆的原木构架，因为那时木材和用来做泥笆的泥和树枝一样充足。有了这种风格的结构使得都铎式风格更易辨认。现如今有太多的材料可用，从石材、泥土到吸热玻璃以及各种塑

融合大自然

在美丽的自然景观中建造住宅是有挑战性的。很少有房子可以被完全隐藏，所以和谐的设计必不可少。弗兰克·劳埃德·赖特的流水别墅地处美国宾夕法尼亚州的熊奔溪，它成功地将钢筋混凝土和瀑布岩层结合起来，创造了让人神往的现代主义风格住宅。

料，都可以作为建筑材料用于住宅建造。

随着材料种类的增加和它们在不同风格的建筑中的应用，风格的辨别就需要我们具有透过材料挖掘设计特征的能力。然而，这并不意味着解读住宅建造材料就不重要了。

例如，很多加拿大的现代主义风格的建筑师仍然倾向于使用反映当地历史和吸引客户的材料。木材和石材仍处在其他新型材料不能替代的地位。他们甚至用于掩盖高科技的外表和真正的设计创意。这个选择对建筑师来说十分艰难，即使这个建筑完全是现代主义风格的，使用木材和石材却能取悦客户。这种具有迷惑性的设计技巧发展成了一种新式的古典风格乡村建筑，尽管这种结合了历史和地理环境的建筑是纯粹的当代建筑。

易用性和可用性

深受工艺美术运动影响的英国诺福克的黑斯堡庄园是用芦苇秆和石材建造的，因为这些都是当地工匠易获得和熟悉的材料，并且方便加工。它的设计师德特马尔·耶林斯根据材料的可得性以及外观效果，选择了茅草屋顶，燧石和鹅卵石墙等建筑元素。

材料 • 石材

石材是最古老也是最通用的建筑材料之一。自从人们学会使用这种结实、耐用的材料之后，住宅便由它雕琢而成，由它建造而成，由它装饰而成。过去建造住宅用哪种石材通常取决于当地有什么样的石料，因为石材比较重，运输起来比较困难，也比较昂贵。但作为一种结构材料，石材是最坚硬可靠的。由于石材的承载能力强，中世纪以来的很多地基和墙壁由石材建造。如今，虽然混凝土更便宜，但无论是作为构造形式或者作为成本较低的墙体覆层，石材都仍然备受青睐。

旧世界的魅力

位于美国华盛顿特区的这座古老的独立式建筑颇负盛名，它是一座建于 1765 年的石材建筑，是殖民时期建筑的典范，但是在 20 世纪初却沦为危宅。值得庆幸的是，这个建筑在 20 世纪 50 年代由美国国家公园管理局修复。

传统石材

这些意大利的山区住宅是典型的传统石材建筑。在没加黏合剂之前，建筑工人对这些产于当地的石板已经进行了粗略的切割和塑型，然后堆叠在一起，用于建房。虽然这种方法比较原始，但这是经过多年的实践才获得的建造坚固的承重墙的有效方法。

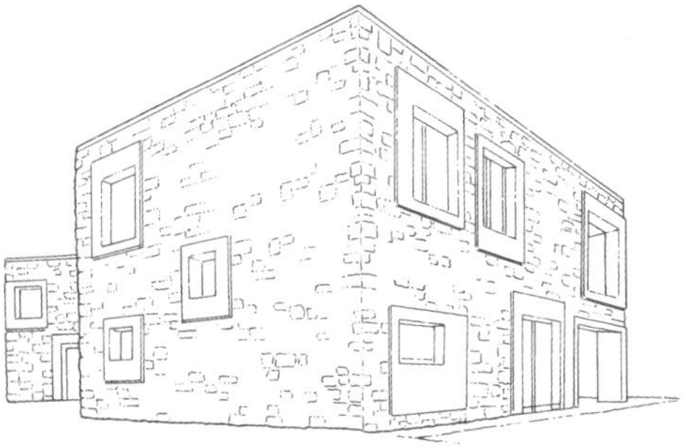

现代石材建筑

由 DVA 建筑事务所设计的位于波斯尼亚的现代住宅具有良好的结构强度和隔热 / 散热性能。厚实的墙壁很坚固并且能很好地控制建筑的室内温度，从而减少空调的使用。

地中海式石材建筑

这座地中海式建筑并不古老，但采用了传统的建造技艺来建造。干砌石墙由当地的石材和栅栏组成，是地中海式建筑的标志。这样建造的目的是支承葡萄藤，从而为居住者提供荫凉和水果。

材料 • 砖

砖的历史可以追溯到至少公元前7500年，现发现的最早的砖与晒干的泥浆块类似。这些砖是探寻古文化建筑的媒介，比如在美索不达米亚平原和巴基斯坦，都可以发现使用古老的砖建成的建筑。自烧制技术发展以来，砖已成为历史最悠久的建筑材料之一。在砌筑出不同风格的建筑和图案的过程中与其他材料相结合，从石灰到水泥，再到黏合胶等，砖为住宅提供了强有力的承重外墙和美丽的装饰图案。为了建造出水平层，砖被制成相同的尺寸。不同的国家为砖的尺寸制定了不同的标准。

最好的砖石建筑

建于1540年的这座荷兰住宅变成了现今的亚当博物馆，建筑外观有美妙的装饰和阶梯状的山墙。砖这种多功能的材料使得建筑师能够简单地创造出引人注目的建筑，至今仍然深受人们的喜爱。

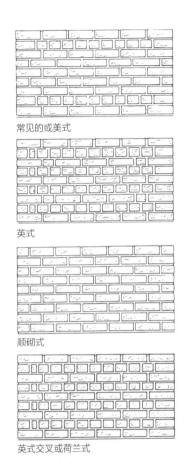

常见的或美式

英式

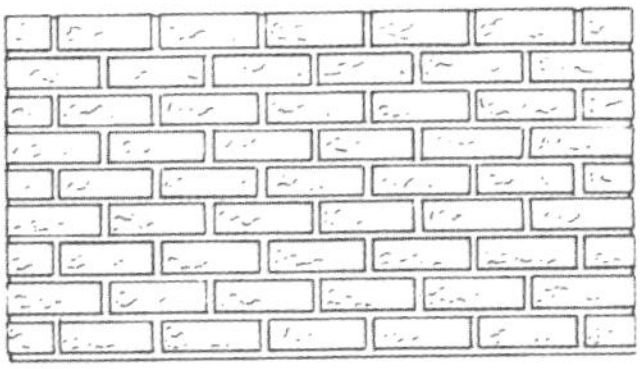

顺砌式

英式交叉或荷兰式

垒加模式

砖相互垒加形成砖墙。通过不同方式的砌筑实现最大的强度和最好的视觉效果。不同种类的砖在尺度上有所不同。

砌砖技巧

这座半木结构的英式住宅采用砖砌填充而不是泥笆填充。这样做的原因未知，但是它体现了木材和砖等建筑材料的通用性以及建筑工人的心灵手巧。

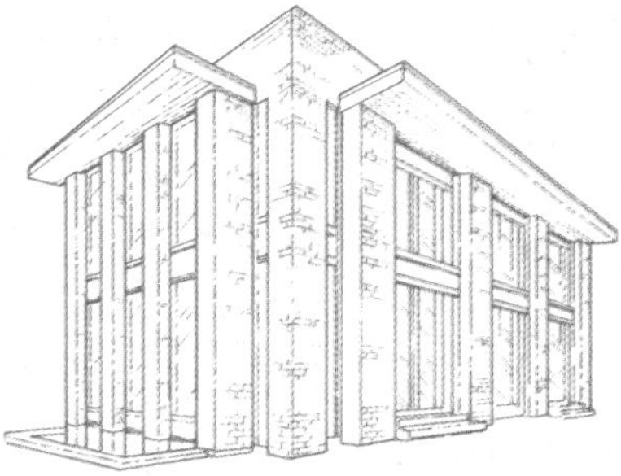

现代用砖

这座现代住宅的设计师用极其精密的高强度砖建造了一座不同寻常的富有戏剧性的建筑。高强度砖比传统砖更贵，也不易渗漏，通常用在建筑接近地面的部分，它使得墙壁更加防水。

木材一直是世界各地的很多建筑使用的重要材料之一。它的强度与易加工性使之成为最通用的材料之一。从都铎王朝的大房子到原住民长屋再到工艺美术运动风格的建筑，木材一直在引领时尚。如今，这种材料的好处还包括其环保性。木材可以被加工成不同形式：结构主材，胶合木梁，刨花板和保温层。木材也许是世界上使用最广泛的建筑材料了。

精彩的木制建筑

这座 16 世纪的羊毛商人在英格兰东部的家是木结构的。木窗框，镶板门，挑檐和水平梁，加上精致的工艺提升了这座简单的住宅的美感。

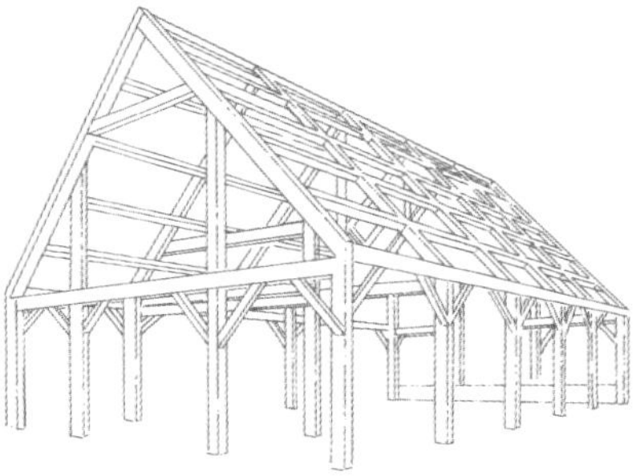

经典的小木屋

这座小屋采用去除树皮的北美巨型常青树的树干建造，在接角处，木材被用简单的半圆形隼口叠加在一起。这种工艺历史悠久，至今许多住宅延用这种方法建造。

木构架住宅

木构架加强了住宅的强度和美观度。15~30mm 的木材通过榫卯连接，从而迅速地支承起整个房屋。外立面用来保护框架，这可以称得上是天然的材料建造并可以创造任意形式的新型高性能外墙。

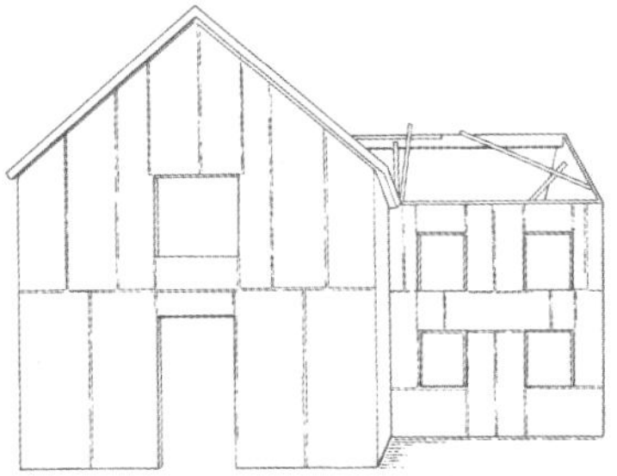

结构性木材板

胶合板和木刨花板的出现，意味着建筑师和开发商能够用木材建造墙壁框架和屋顶构件，然后像拼一个巨大的拼图一样组装成一座住宅。相比其他技术，它的建筑速度较快，价格相对较低，是现今北美最常用的建筑工艺之一。

现代木架构住宅

建筑师朱赛 · 尤罗 · 戴夫和戴尔芬 · 丁几乎只用木头就修复了智利的这座海滨别墅。无论是住宅的内部还是外部都安装了木板覆层（防止建筑物受潮），同时它的框架也是木制的。我们看到的是一座带着独特视觉吸引力的美丽的住宅，这是别的建筑材料难以实现的。

材料·混凝土

MATERIALS

形式和功能

混凝土凝固后十分坚硬，而混合时的液体状态揭示了它的可塑性。像建筑师约根·H.梅耶就利用了这个属性在德国路德维希堡附近建造了一座私人别墅。混凝土与钢筋的结合突破了结构带来的建筑形式上的限制。

虽然混凝土看似是一种相对较新的材料，其实人们很早就开始使用。罗马人使用生石灰，火山灰和骨料的混合物建造了许多令人印象深刻的建筑。然而，没有钢筋的加入，混凝土几乎没有抗拉性，但人们发现了它的其他益处，从而改变了对它的看法。混凝土有保温的内在属性，是具有多种功能的建筑材料。无论在炎热的夏季想要建造一座凉爽的住宅，还是在寒冷的冬季想要建造一座温暖的住宅，混凝土都能对调节室内温度有帮助，从而减少采暖或者制冷的费用。

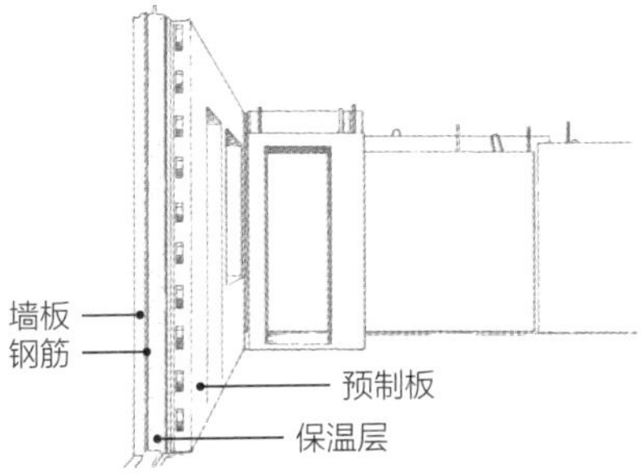

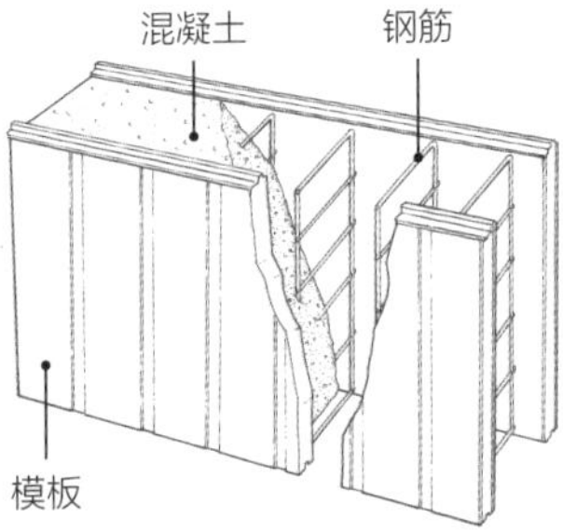

混凝土预制板建筑

混凝土结构有两种形式，预制的和现浇的。预制混凝土板材是在施工场地外进行制作的，可用来建造住宅的承重墙。而建造墙体材料通常包括钢筋、保温板、混凝土预制板和内外墙板。

现浇混凝土建筑

混凝土可以以流体形态浇筑在建筑模板上。我们这里说的现浇模板，是指用木材、金属或者保温材料以及内置的钢筋建成的模具。混凝土浇进模具后开始变硬。当钢制或者木制模具拿掉之后，这些膨胀的保温剂则留下来充当保温层。

早期混凝土住宅

托马斯·爱迪生发现了混凝土的潜能并于1899年创立了爱迪生波特兰水泥公司。爱迪生设计建造了这栋混凝土住宅。由于当时他自己设计的混凝土模板价格昂贵，导致建造成本过高，因此这些房子没有被大量建造。

现代混凝土住宅

日本建筑师安藤忠雄设计的大部分建筑都采用混凝土材料，从住宅到教堂，都是简约的建筑杰作。比如在日本明石，他利用堆积立方体的方法建造了一座4m×4m的具有启发性的住宅，而且完全由混凝土浇筑而成。

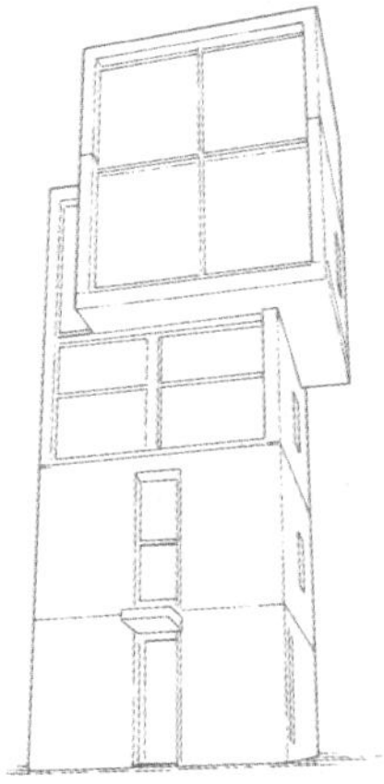

金属是一种相对较新的建筑材料，但却显著地改变了建筑图景。在 19 世纪后期，钢结构的突然出现使得建筑师能够设计极其高大的建筑物，如 1885 年在芝加哥建造的第一座钢架结构摩天大厦。现代主义者喜欢这座建筑中的重型钢梁设计，把它用于住宅建筑设计中；还有一些更小的等截面柱和横梁，可以像木结构一样搭接，用作承重结构或墙体。这种技术已从 21 世纪初期起开始逐步普及直至钢材成本的飙升，如今保证钢材的环保性也成为一大挑战。

现代主义与金属

埃姆斯楼是设计师查尔斯和蕾 · 伊默斯在洛杉矶的住宅，是用钢作为主要结构的一个典型现代主义风格建筑。钢架墙由镂空的内外部构成，并填充实心面板和玻璃面板，而屋顶则建在较轻质格构梁上。

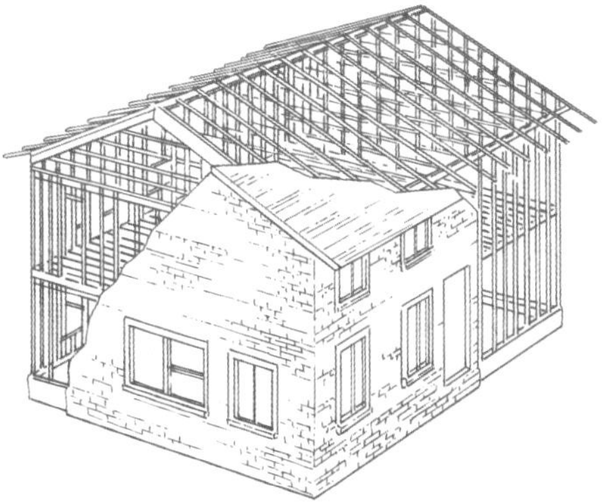

传统的钢结构房屋

此类住宅看起来像砖造的房屋，内部由钢框支承。大型冷轧钢梁和柱子构成了承重结构，而小截面压制钢柱则像木龙骨一样固定住石膏板，从而分隔房间。

装配式金属房屋

理查德 · 巴克明斯特 · 福勒设计的节能房是一座于 1929 年由工厂制造的钢结构住宅。福勒基于粮仓的形态设计了低成本且易搭建的住宅。在第二次世界大战期间，福勒的装配式房屋就被运往前线，供美国军队使用。

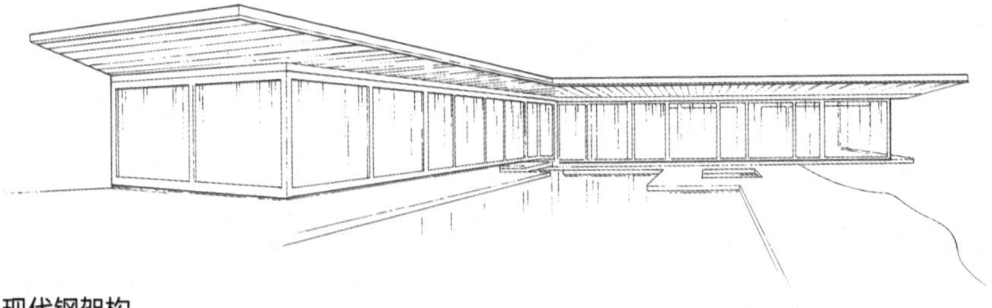

现代钢架构

以上案例研究的住宅是 20 世纪中叶由顶尖建筑师设计的经济适用型住宅。由皮埃尔 · 柯宁设计的斯塔尔之家建于洛杉矶，住宅采用最纤细的钢柱和横梁来支承钢板屋顶，虽然最终实现了建筑视觉上的轻盈，但却突破了低成本设计的理念。如今这座住宅世界闻名。

材料 • 土坯

西班牙殖民时期土坯砖

由于温暖的气候条件，加利福尼亚是土坯建筑的发源地。这座建筑的土坯砖外粉刷了泥灰饰面，使得其在夏季和冬季具有良好的隔热性和保温性。经典的红色瓦片和马蹄形拱门是西班牙殖民时期极具特色的设计风格。泥灰饰面可以是白色或是自然色的。

土坯是一种十分坚硬的，易于制作的且便宜的建筑材料，主要在南美洲，还有北美洲、亚洲和非洲阳光充足的国家被用于建造房屋。混合砂、黏土和水，再加入纤维材料如草、树枝或稻草，土坯建造者将得到的黏性混合物压进长方形木制框架，最终在阳光下让它变干，变硬，最后变成土坯砖。将这种基础建材像砌筑砖块一样垒好，用不加纤维材料的沙子、黏土混合砂浆黏接，一堵十分坚硬的带有良好隔热性能的墙就建好了，即使在炎热的气候条件下，建筑物内部也能够保持凉爽。

土坯砖墙

土坯砖在模具里成型、压实，然后置于太阳下烘干。一旦烘干，土坯砖就会变得异常坚硬，再由石灰浆或者泥浆黏合，就可用来建造常规的墙。

超级土坯

这种相对较新的土坯建筑在可持续发展的今天变得日益流行。其采用装满沙子和岩石甚至稻壳的袋子或者管子堆叠出墙体，常见于圆锥形或圆顶建筑中。此外，该结构抹上灰浆就能提供额外的绝缘和防水性能。这样一座可快速搭建且便宜的住宅就能形成了。

普韦布洛式

无论是旧住宅还是新住宅，人们长期使用土坯来建造普韦布洛式住宅 。它们易于被辨认，包含平屋顶，延伸到墙外厚重的木构架，带有圆角的粉饰墙，内嵌的窗，这些都展示了在西班牙殖民时期的由所在地域决定的独一无二的风格。

稻草试验

这座单坡屋顶的房子也许简约得难以置信，但是它几乎都是由稻草制成的。这些材料不仅充当主要填充物，甚至还是很好的保温层。在稻草墙中预留的空间还可用于安装门窗。而屋顶则架在稻草墙顶端的木梁上。

数千年来，稻草、青草、芦苇以及其他类似的自然材料一直被用于建筑。但直至今日，用成捆的稻草充当承重结构的建筑也并不常见。环境问题促进了稻草在住宅建造中的使用，其益处也越来越明显。你或许很难相信，稻草秆制住宅比木制住宅更耐火，比砖石住宅更经得起地震的考验。此外，一面单捆厚的稻草墙的保温性能就远远超过了一般英式住宅的传统夹壁墙。稻草是一种古老的材料，但它才刚刚开始在建筑界一展身手。

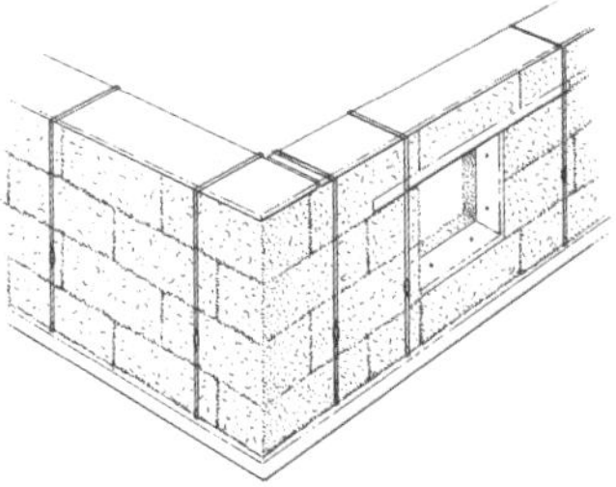

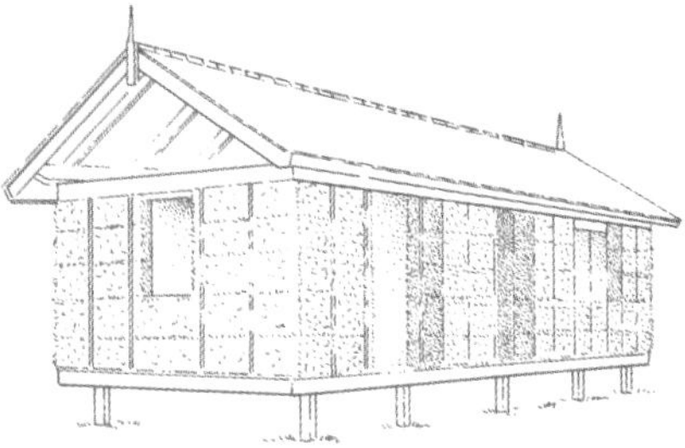

稻草建筑

用稻草捆建造房屋的传统建造方法非常简单。一捆捆稻草像堆叠砖一样堆在木制基座上。木桩将稻草捆固定在一起，在需要开门或开窗的地方用承重木梁支承上方的稻草捆。最后用石灰抹面为住宅提供一个耐候的外壳。

简单的稻草屋

矩形稻草捆交替地叠放在抬升的基座上。由于组成墙壁的稻草捆的厚度和密度很大，可确保这座住宅的保温和隔热性能。

传统的稻草屋

这座传统建筑地处美国的科罗拉多州，有着传统住宅所有常见元素——屋顶、窗、门等。唯一可以发现这是稻草屋的线索是外部抹灰墙的弧形边角细节。由于难以建造尖角，所以这也是典型的稻草建筑的特征。

当代稻草屋

这座木饰面板包裹的房子有着超现代的外观，但其实它是用稻草捆建成的，即有着木框架结构，里面的填充物都是稻草。这恰恰说明稻草住宅不会显得粗野，无论是在乡村还是城市，都可以通过调整建造工艺来改变材料的观感并适应环境。

材料的再利用和再循环从环保角度优于新材料的制造。事实上，现在一些住宅就是由循环利用的塑料支承着的。重复利用和回收利用有很多种形式：从创新的理念来说，比如利用已存在的材料或废弃材料制造一种可替换的建筑系统；再比如，包装板箱的木材或者高炉矿渣可作为混凝土的原始材料。可能性是无限的，但还有很多未被开发。随着可持续发展成为一个更为重要的议题，人们将尝试用更多种类的材料建造住宅，其中很多材料都是可循环的。

巧妙盒子

类似于伦敦东区的这种不同寻常的生活/工作集装箱聚集区已经如雨后春笋般涌现在世界各地。海运集装箱提供了比较稳固且安全的建筑单体，这使得有成千上万的集装箱继续存在于航运业之外。

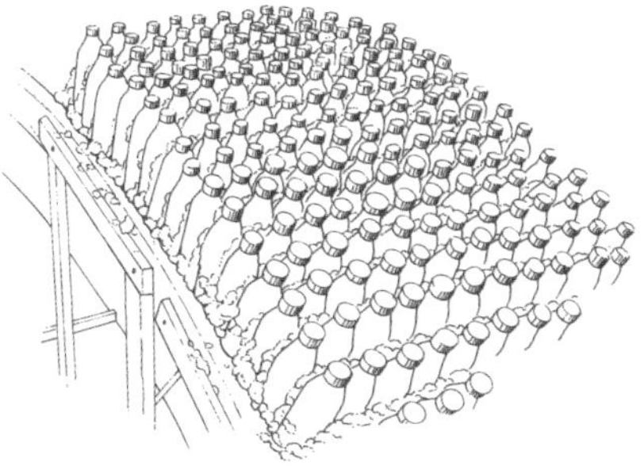

可重复利用塑料瓶

装满沙子的废旧塑料瓶成了一种令人惊叹的、能保温隔热的建筑材料。在外层涂上灰浆之前，它们既可以搭在湿砂浆底座上，也可以简单地捆在一起。在这两种情况下，它们都非常坚固、持久且具有隔热性能，从而使得室内保持恒定的温度。塑料瓶作为一种建筑材料，可以帮助解决第三世界国家的住房危机问题。

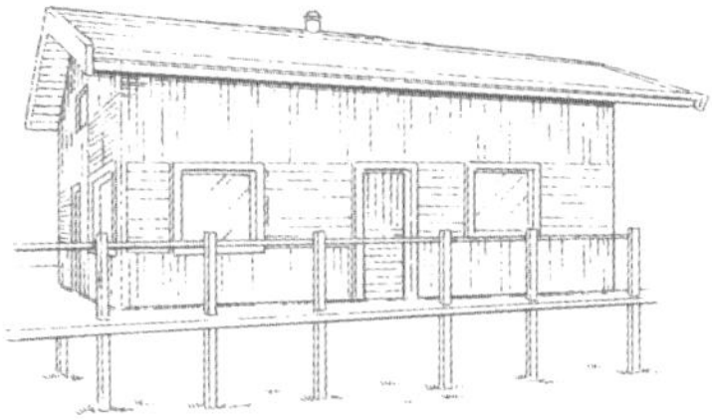

可回收木材

这座木结构房屋在加拿大育空地区，其看起来像精心设计的现代住宅。事实上，这座住宅由回收木材建造而成。地板和木框架来自旧军营；顶棚横梁和内部的柱子来自损毁的磨坊；墙板则是本地仓库的一部分。建筑师马克贝鲁比估算这座住宅的造价只有用新材料建造的同等住宅的三分之一。

可回收玻璃

废玻璃可以转化成玻璃珠，然后可制造成模块化嵌板并用于建造住宅。这是对回收材料的创新性应用，也是一个新兴产业。现在的建筑师可以建造一些和我们所熟悉的常规住宅相似的环境友好型住宅。

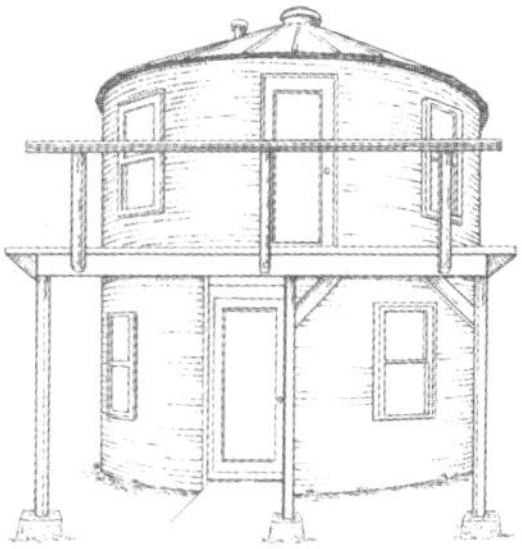

可回收谷仓

选择一座旧建筑物然后加以转化可能是最可持续性的选择之一，因为你在重新使用已有的材料。古老的教堂、仓库或者谷仓都是常见的改造项目。比如，图中展示的就是一位业主将旧谷仓改造成独一无二的圆柱形住宅的案例。

材料·岩板（覆层）

岩板

建筑师弗雷德里克·肖克为自己在美国德克萨斯州奥斯汀市建造的安妮王朝式风格的住宅上运用了多种建筑材料，包括粗糙的石墙和细致的翠绿色铜饰以及用来装饰上部楼层和屋顶的岩板。

在英国的各个地区，岩板或称岩瓦是一种传统的屋顶覆盖物，制成岩板的材料是从当地开采出来的。这种材料在巴西，加拿大和美国东海岸也被广泛使用，由于岩板极低的吸水性以及在特殊工具敲击下可以自然分层成光滑平板的特征，其十分适用于建造房屋。它既可以用作屋顶薄瓦，也可用作建筑物墙体上的厚墙板。同时，它还可制成质感良好的地砖或者墓碑。在威尔士，甚至有的村庄的所有房屋都覆盖着岩板屋顶，构成一幅美丽的景色。

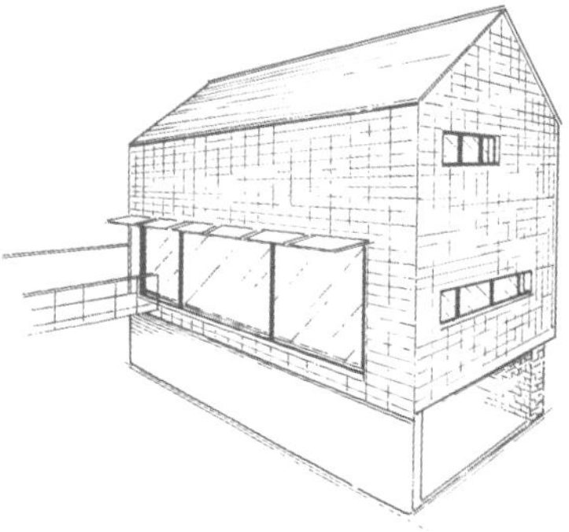

新岩板设计

豪斯·科勒小屋是由布鲁诺·比利斯设计并装修的德式住宅，是一座有着经典覆层的新房子。制成覆层的岩板具有持久性和良好的热稳定性，可以减少温度波动，便于全年调节室内温度。

屋顶覆层

维多利亚女王时期的建筑师经常采用岩板建造住宅，不仅是因为它的实用性，还因为它与红砖的搭配效果深受人们喜爱。如图，为了达到装饰效果，一个八角形的屋顶一般会有常规岩板砖与鳞状的图案。

全岩板建筑

位于圣费根的威尔士国家历史博物馆是传统的威尔士农舍风格，几乎都是用岩板建成的。墙是用石灰砂浆砌成的厚厚的岩板，而顶部是典型的岩顶板。值得注意的是前门上的装饰性拱形石瓦制横楣。

内部使用

由于岩板是灰色的，易于辨识，它常常被使用于建筑物内部和外部。如图中传统风格的石墙建筑中，岩板为现代壁炉构建了一个引人注意的边界。不同尺寸的岩板则连接成一堵装饰墙。

材料·瓷砖（覆层）

如果说岩板是自然形成的材料，人们对其进行简单塑型便可使用，那么瓷砖则是由陶瓷，石材，玻璃甚至是金属等多种材料制成的。虽然采用后两种材料的瓷砖并不常见，但是瓷砖和石砖已经成为建筑材料界的支柱很多年了，尤其是红色或棕色瓷砖和陶瓷砖。它们被塑造成所需的形状，通常是弯曲的“S”形构造，这样就可以放被置在屋顶上，互相锁定以成为良好的防水覆盖物。

瓷砖沿着屋脊以及山墙铺设，并用水泥固定和覆盖瓷砖之间的接缝。如今，瓷砖也可以由混凝土制成。

加泰罗尼亚装饰图案

卡萨维桑之家是由安东尼·高迪为实业家曼努埃尔·维桑设计的住宅。地处西班牙的巴塞罗那，这是一座了不起的瓷砖建筑。这座房屋由砖建成，其上覆盖了成千上万的瓷砖，这些瓷砖是维桑在他的砖瓦工厂中制造的。这类建筑的装饰图案和棋盘式设计还表明当时高迪受到了摩尔式风格的影响。

多彩屋顶

瓷砖不仅可以用来做屋顶的防水覆盖物，而且其一直被视为一种可以增加装饰效果的材料。在制造过程中，烧制的陶瓷砖能产生色彩。应用于地处法国勃艮第的宏伟建筑中的这种设计向我们展示了瓷砖的独特美感。

完整的瓷砖外墙

埃里克·韦斯特的住宅兼办公室地处荷兰的皮尔默伦德，建筑物的一部分用上过高光釉的瓷砖覆盖。通过用不锈钢螺钉和瓦钩将瓷砖固定在木板条上。相同的瓷砖还运用在主屋屋顶和办公室的圆形墙壁上。

装饰墙面贴砖

从外部看起来左图中的外墙像覆盖着壁纸，但这座极具葡萄牙风情的住宅外墙其实覆盖着瓷砖。具有装饰性和耐磨性的瓷砖不仅可以防风雨，还十分美观。虽然现在很少有住宅采用这种方式进行装修，但在 19 世纪末和 20 世纪初使用瓷砖装饰外墙十分普遍。

材料·木材（覆层）

木瓦屋顶

娜拉哈亭阁是鲁德亚德·吉卜林在美国佛蒙特州的家，也是典型的美国瓦式住宅。其建在石地基上，这种木材结构的住宅几乎全部被木瓦片覆盖着。这种覆层和陶瓦的排水方式相同，所以随着正常的建筑物老化，颜色也会慢慢变化。

住宅建筑有很多种类型的木材外墙。从结构上看，比如小木屋，就把木材覆层当作防雨板饰面或可渗透雨水的隔板。有些甚至有意地进行多孔设计，让夏天凉爽的微风可以流通。有些则完全不渗水，不透风，从而达到保温、节能的效果。出于环保考虑，木材一直是一种很好的选择，因为树木可以进行规模化的种植，而且种植树木还可以吸收大气中的二氧化碳。面对任意一种地理环境或者设计要求，都有过相应的木材应用案例，并且有普遍的适应性。

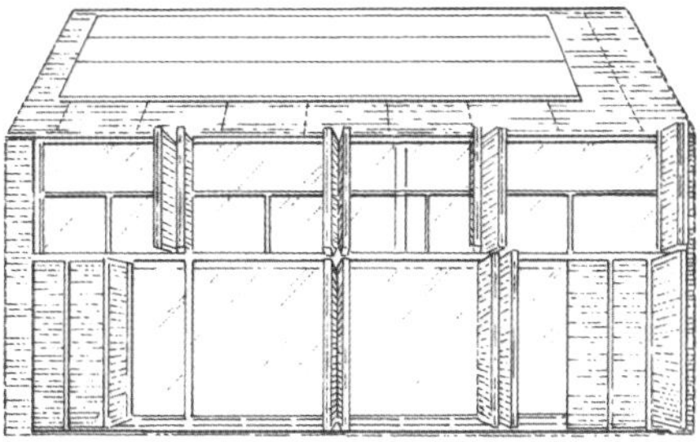

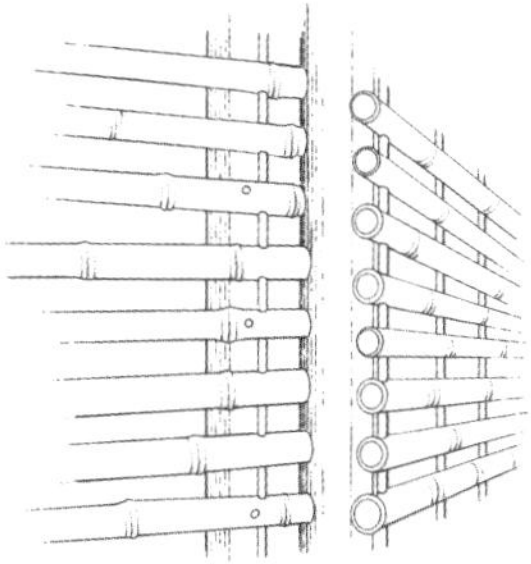

竹建筑

竹子严格来说是一种草而不是木头，它是一种有趣且具有可持续性的建筑材料。这座法式建筑覆盖着通透的竹制外层。

竹制外层

竹制外层（如上图中的细节）充当了局部幕层，并提供了非常好的遮阴效果。

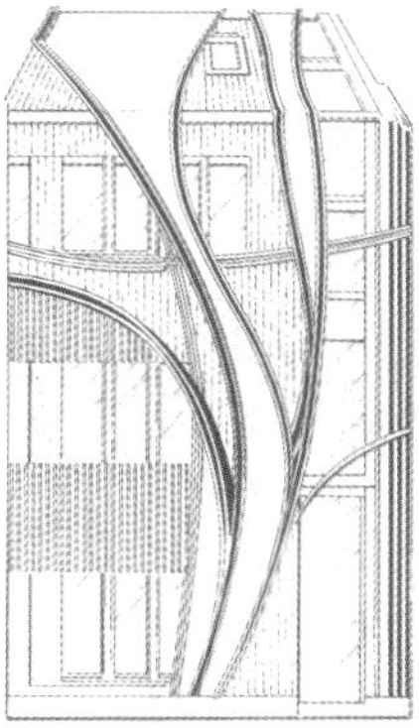

薄厚板镶接外墙

建造薄厚板镶接外墙是一种廉价的且易于施工的方式。厚板条垂直固定在建筑物的木架构上，然后将薄板条覆盖在厚板条交接处，最后在外墙上涂上完全防水的涂料或着色剂。

艺术的建筑方案

为了充分展示木材的温暖属性和活力，以及其可操作性，24H 事务所在荷兰设计了这座住宅。外墙使用了木材和金属，突出的木肋则清晰地表明木材过去常常被用来构建外墙。

显而易见的曲线美

瑞士的卢加诺湖楼是由意大利JM建筑公司设计的，其用玻璃分割上下两层以形成对比。下层采用传统的实心墙，带有窗，而上层居住区则是带有曲线的全玻璃建筑物，这样做增加了居住空间的奢华感。高能效、低辐射的氩气玻璃优化了外层的隔热性能。

人们在发明玻璃之前是怎样建造房屋的呢？那时窗只是墙上的洞，也或许被兽皮或者百叶板覆盖。在14世纪，扁形动物的角被做成半透明的膜来覆盖窗。直到17世纪，玻璃才得到广泛的应用。现今，建筑全都装配有玻璃。玻璃可以是晶莹剔透的，彩色的，有纹理的，不透明的或者反光的。玻璃是住宅的重要组成部分，所以采用不同的使用方式，住宅的风格也不同。小铅框玻璃揭示了一个历史性的变化，而清晰的玻璃伸缩片更倾向于现代主义的理念。无论是从功能上看还是作为住宅风格和氛围的一部分，玻璃是我们住宅建筑中不可分割的元素。

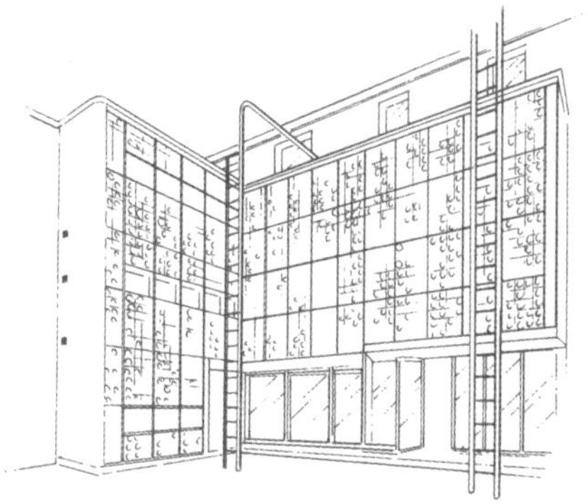

玻璃砖

玻璃之家 20 世纪 20 年代建于法国巴黎，是设计师皮艾尔·夏罗和建筑师贝鲁纳·毕吉伯的合作成果。设计中采用的工业材料是玻璃砖。这些结构化的玻璃砖可以像传统的砖一样用砂浆堆砌起来。

现代主义理念

这座棚屋风格的现代罗马尼亚住宅几乎全部被玻璃覆盖，玻璃这种材料作为墙体填充在钢框架中。这就是现代主义建筑采用的逻辑——用材少，设计简单巧妙，而玻璃更是加强了整座建筑的简约自然感。

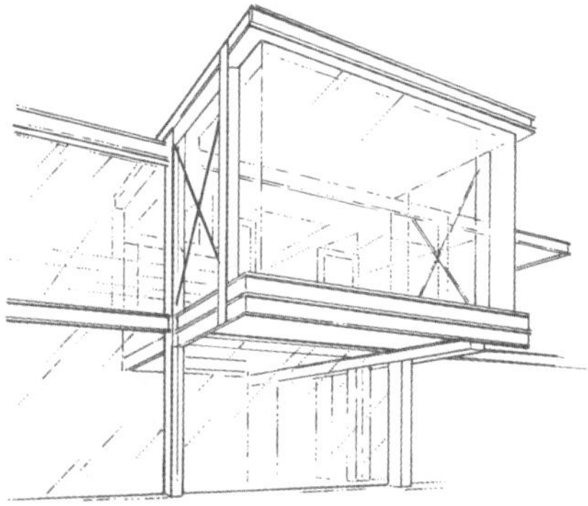

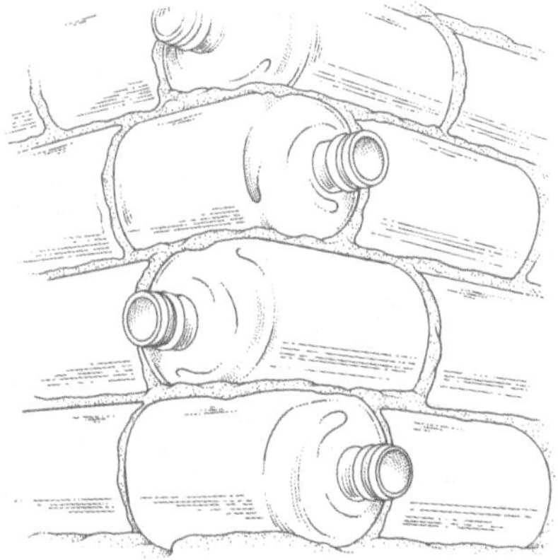

回收玻璃

玻璃有很多种形式，而且早在把其安装在窗格上之前，工匠们就制作玻璃瓶或其他玻璃容器来装东西。因此，用瓶子来建造住宅比较合适。这里玻璃瓶像砖一样搭建起墙体，瓶内的空气创造了绝缘的屏障，从而保证住宅的温暖。

金属的魔法

位于加拿大多伦多，由速派库建筑公司建造的40号巷道屋就是用金属砌成住宅的典型案例。这个设计把现存的建筑转化成独一无二的风格化的建筑，同时还呼应了它的工业化历史。

金属被广泛用作建筑中的结构材料，很多住宅采用金属建造。然而，金属还有其他的用处，比如作为外部防风雨的覆盖物。无论是以不透气的形式，还是像防雨罩一样可透气的形式，金属都可以以很多形式作为建筑的覆层。金属的装饰效果是持久的，例如，铜能经得起时间的磨砺，可以做成漂亮的饰面。从经济型压制钢壁板到建筑师喜欢使用的昂贵的耐候钢，金属为21世纪的设计师和建筑师提供了多样化的选择。

传统直立锁边式屋顶

直立锁边式屋顶因其金属屋脊有位于覆层边缘的滚压接头而得名，并经常用于家庭或者工厂的屋顶覆层。这里，它被用作地处澳大利亚悉尼郊区的殖民地风格住宅的屋顶，而且屋顶的材料可以是锡，钢，甚至是铅。

金属的变形

右图中材料的形状像瓦片，颜色也像瓦片。屋顶由金属板构成，形式与传统瓦片类似，施工时却更节省人力。

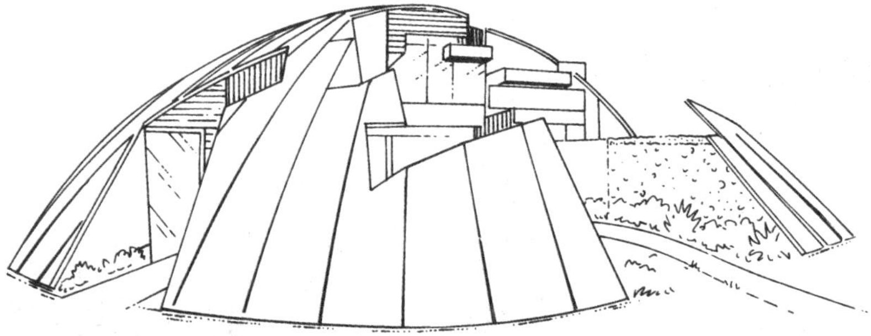

螺纹铜幕墙

这个圆顶住宅的形状和设计很不同寻常，尤其是铜覆盖的外墙，十分引人注目。铜常用于装饰建筑物的外部。无论是用其原始的、磨光的形式还是用其他形式或颜色，在这些形式中铜不但美观，同时也能经受住时间的考验。

材料 · 抹灰（覆层）

别致的抹灰装饰

猫头鹰俱乐部地处美国亚利桑那州的图森，是教会式风格住宅的典型案例。这座建筑用抹灰来装饰。值得注意的是，现在灰泥不仅用于覆盖外部也用于覆盖砖石构造的中央阳台和壁柱。熟练的技术人员可以用抹灰以及传统水泥基底抹灰创造出各种各样的装饰效果。

在住宅的外部覆盖上湿泥浆材料，其变干后成为坚硬的房屋外壳，这就是千百年来的建筑传统建造工艺。材料是用石灰、沙子和水混合而成的，如今最常见的材料是水泥、沙子和水。这两种类型的抹灰混合物都产生了一种光滑的糊状材料，可用泥铲抹于任意坚硬或多孔的建筑表面。世界上有些地方因其抹灰建筑而著名，如在希腊和其他地中海地区大量存在的覆有白色涂层的抹灰建筑，而在美国南部和墨西哥，无论是对于新建筑还是旧建筑，抹灰都是最常见的传统装饰层。

抹灰篱笆墙

抹灰篱笆墙是一种古老的建造工艺，在这个基础上还发展了很多新的建筑技术。该技术包括用芦苇和木材构造成半刚性衬垫，用来填充大型木架构之间的墙体，然后用泥浆，动物粪便和草混合到衬垫上，用来覆盖连接纹理曲面。变干后，墙就会变得坚硬。

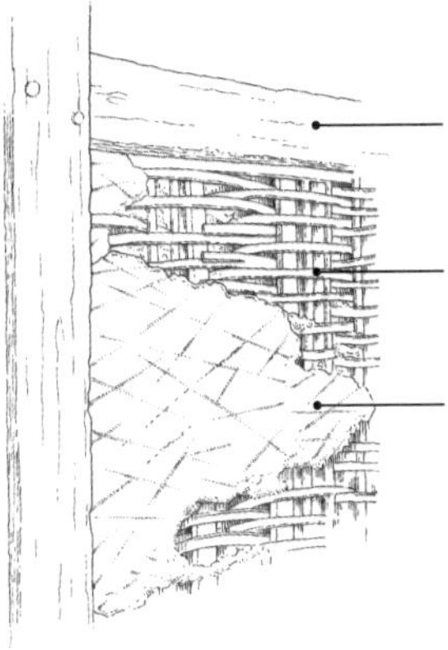

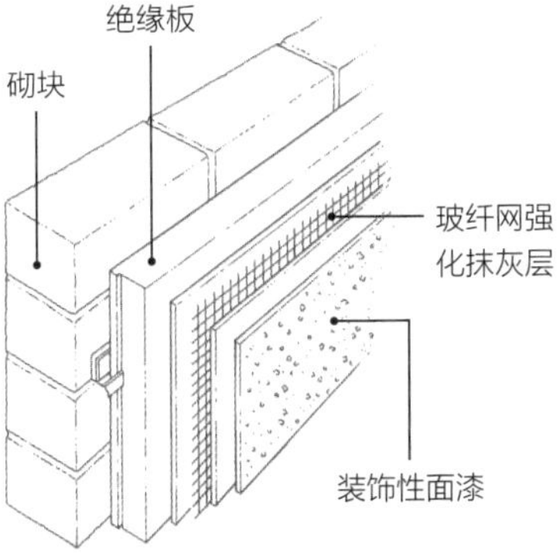

现代抹灰墙

如今，抹灰墙的材质不仅限于灰泥和草。这种墙壁结构由刚性绝缘板，强化抹灰层以及薄装饰性面漆等多个层次组成。在大规模新住宅规划中，这种结构也比较常见。

装饰效果

抹灰和粉刷具有增加立面塑性的好处，而民间工艺就充分利用了这个优势。抹灰工艺包含雕刻凸起模板以及冲压嵌入式模板。在 15 世纪和 16 世纪的英国和欧洲，这种装饰手法十分常见，之后西班牙更是将这种技术传给了美国。

到底是什么使得一座建筑成为住宅？这个问题比到底是什么使得一座住宅构成一个家更好回答。答案因人而异。无论是在美国或新西兰，在日本或荷兰，住宅一般都是由类似的组成部分构成的。从地基往上看，分别是楼板、墙和屋顶；其次是一些必要元素，如门、窗、内墙和楼梯间。最后再加上一些装饰就可以把房屋转化为一个家：如入口门廊，阳台或者其他外部附加物；同时还有一些内部装饰品如上楣，装饰线条，列柱以及壁柱等。

每个家庭对于住宅都有基础的建造需求，其次才是特殊的建筑特征，从而使其区别于现代主义者所指的“居住机器”，成为一种有个性的建筑。

乔治王朝时期的恩典

乔治王朝时期的建筑是最容易辨识建筑风格的。其住宅的设计趋向于对称而且设计思想也受到限制。哈蒙德 · 哈伍德楼地处美国马里兰州的安纳波利斯，山花装饰了住宅的主体，两边是相同的厢房，而低坡度的四坡屋顶和简单的框格窗也添加了端庄典雅的效果。

新古典主义风格过剩

乔治王时代风格的建筑注重形式，而新古典主义风格的建筑则充斥着奢侈的装饰。雅园是猫王在美国田纳西州的故居。雅园建有仿古墙、宽阔的白色门廊，并装有拱形窗和非拱形窗以及带有石上楣的屋顶烟囱。每个部分都带有某种形式的装饰，一处更比一处奢华。

我们可以从上述的形式特征和装饰中看出住宅设计师和建筑师的设计风格倾向。同时，辨别住宅风格的线索也可以从建筑结构的类型中被发现。当然，这些线索既表明了建筑风格，也可以暗示出一座建筑的地域性，比如一座建在桩柱上的住宅可能是位于洪泛区或者受季风的影响的地区。在英国不必采用这种建造方式，而建在印度部分地区就变成了必不可少的设计需求。

依据不同的类型和所处的地理位置，就能定义住宅的风格。而这些要素共同构成了一处居所。

构件 • 地基

地基是住宅建筑的底座。地基的类型有很多，有将石梁柱插进沟槽的，还有将预应力混凝土横梁制成筏形地基，以便于在不均匀的地面上移动或沉降。无论住宅坐落在哪种地基上，其用途都是为了给上层建筑提供稳固的支承。如今，建筑师和工程师在设计地基前都会分析地面情况。从历史上看，在不断尝试以及不断失败之后，最终发展出一系列稳固的、易于建造的地基类型。显而易见，地基并不是住宅设计风格的要素，并且它们时常被忽视，但要是地基出了问题，就可能出现灾难性的后果。

传统石材或毛石

将石材堆在沟槽里，然后进行回填，这样就形成了坚实的地基。无论它们是否与石灰砂浆黏合在一起，最重要的是要把石材的位置放好，留下的沟越小，结构变形的机会也越小。在烧砖技术出现前，石地基一直被广泛地使用着。

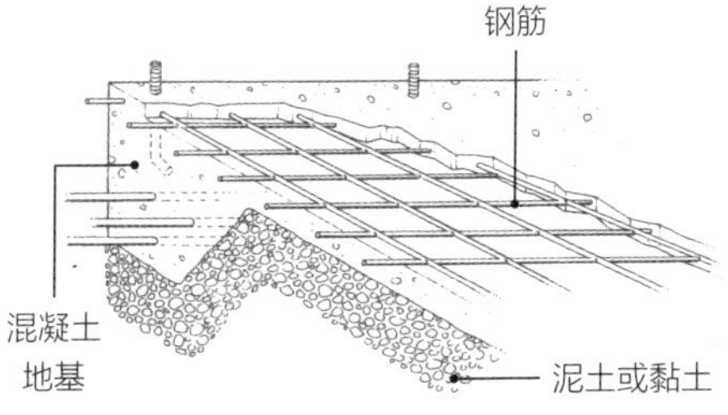

筏形地基

筏形基础是一种厚的混凝土地基，而住宅就建造在这种基础上。地基末端相对中间部分较厚，用来支承外墙。黏土地基沉降会破坏传统的沟槽基础，因此，钢筋混凝土筏形地基被设计成漂浮在底层地基之上以免被破坏。

桩木地基

桩木地基源于在一系列的洞里填上混凝土和碎石子。这是一种非常简单的地基建造方法。它将住宅抬离地面从而减轻洪水冲击力。住宅的结构框架就坐落在这个地基上，然后把桩到地平面的洞填满。

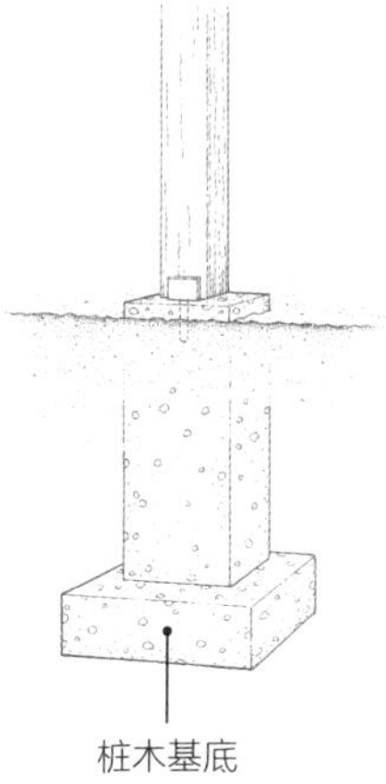

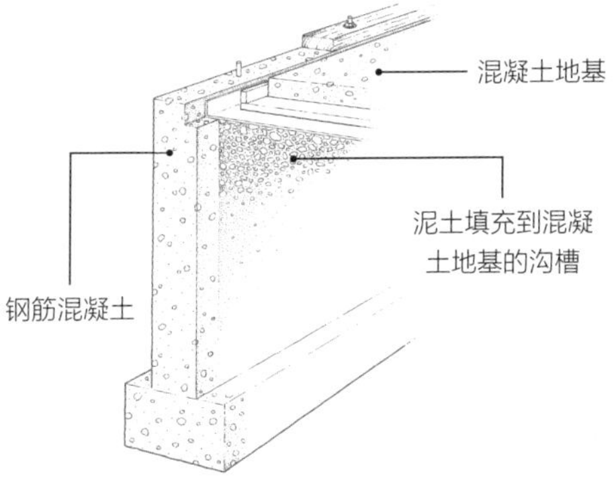

传统地基

传统地基最常见，是一种钢筋混凝土底座。液态混凝土浇筑到挖好的沟槽的底部作为承重墙的基础。从混凝土地基往上用砖搭建，最后将旁边的沟渠填满至地平面。

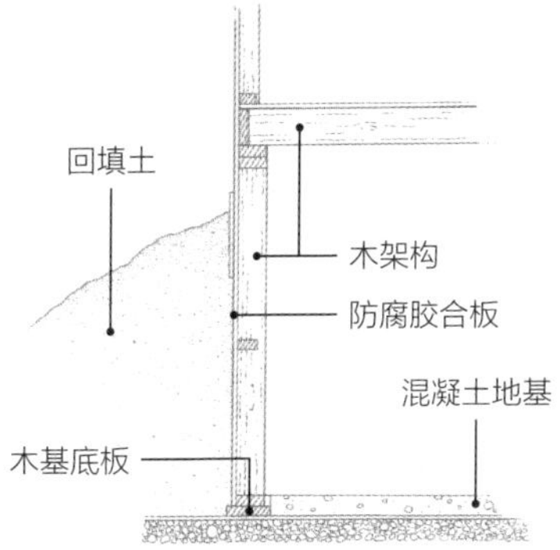

防腐处理的木材

一旦通过预处理来防止水分渗入，木材便可用作地基。这里，覆盖着处理过的胶合板上的木架构以木基底板为地基。而用泥土回填过的沟渠和住宅的相对轻型的木结构则从地平面向上建造。

空心砖墙

空心砖墙由两层砖组成，用互锁方式铺设。在英国和北欧尤其常见。两堵平行的墙壁由叫作空心墙扣的金属带绑在一起，墙壁之间的缝隙可以防止水从外部渗透进来，同时填充保温材料起到保温层作用。

墙在视觉上是比较明显的要素，用来支承屋顶并且隔离室外不利的气候状况。然而墙也有很多类型，有的由不同材料构成；有的暴露在外面或者被各种各样的涂层覆盖；有的建得比较规整或者相对灵活，或建成具有刚性的或柔性的特点等。从历史上看，鉴别一堵墙是什么材料做的很容易，比如，在都铎式风格的建筑中将附有抹灰篱笆墙的木架构填充到砖墙中，这种方式在英国和北欧十分流行。但其他地区的墙体则藏在有涂层材料的外覆层里，比如石灰砂浆或者木质覆层。墙不仅可以用来支承屋顶，还可以揭示一栋住宅的建筑起源。

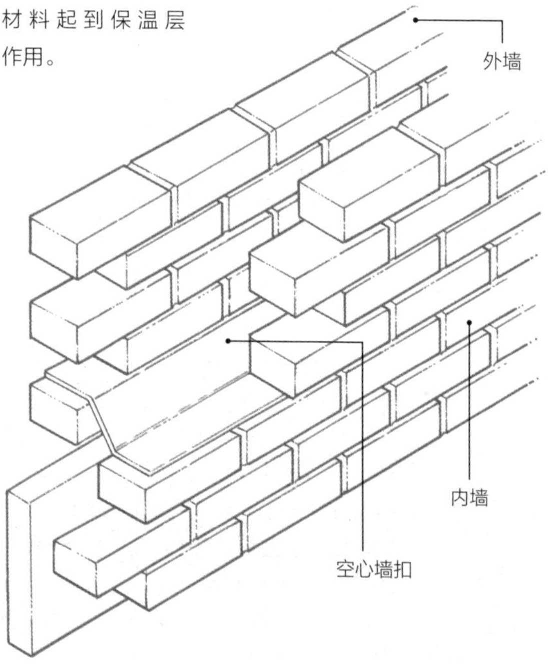

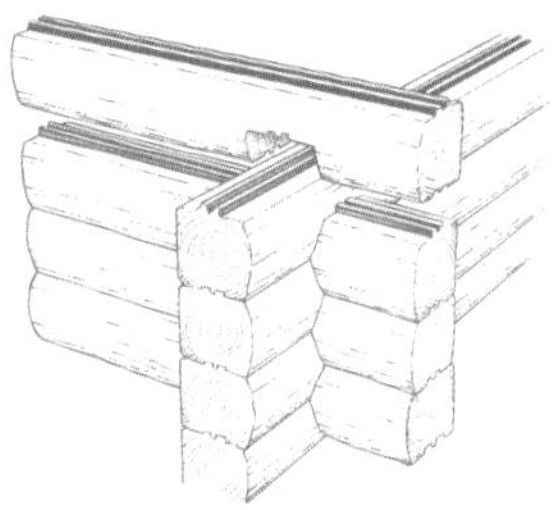

传统小木屋墙体

传统的小木屋的墙体是最易于搭建的墙体之一。只需砍下树干，剥去树枝，按照建筑的形状叠加即可。每根累叠的原木在拐角处相扣，从而建造一堵刚性的外墙，原木间的缝隙通常用苔藓、蕨类植物和草加黏土填充。

现代小木屋墙体

在世界各地，木墙都得到广泛应用。用机器加工过的木材相扣建成的墙是空心墙，但正如砖砌空心墙一样，还需在其中填充保温材料。建造时采用的木材是由螺栓固定的，而不是通过在木墙角落刻下切口这样的方式。这样就建成了一堵坚固的墙体，并且经受住了生活的严峻考验。

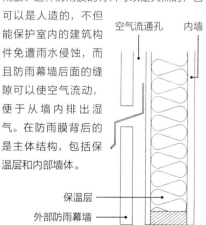

都铎式镶板

很多直径 15~20cm 的大型木材被用来建造都铎式风格建筑的主要结构。这个框架中填充着所谓的“抹灰篱笆墙”，即把泥和石灰的混合物涂抹在砖或者石材上，从而建造一堵坚硬的、不受气候影响的墙。

现代防雨幕墙

很多现代化的住宅和办公室墙壁上都附有防雨膜。这种防雨膜的材料可以是天然的，也可以是人造的，不但能保护室内的建筑构件免遭雨水侵蚀，而且防雨幕墙后面的缝隙可以使空气流动，便于从墙内排出湿气。在防雨膜背后的是主体结构，包括保温层和内部墙体。

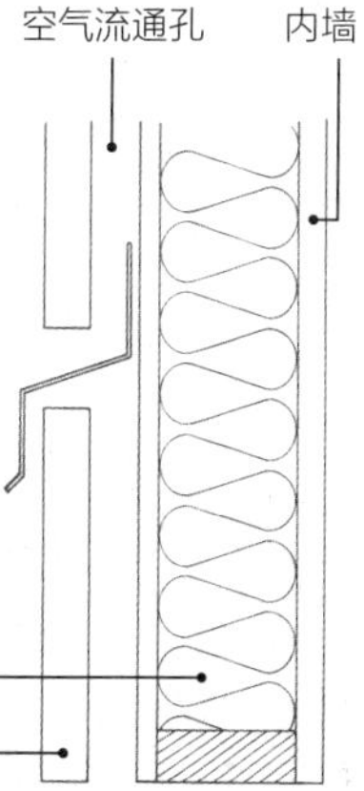

住宅地面有很多形式，但几乎都是平面的。从远古时期以来，人们就已经开始改造家里的内部地面，无论是划分出一块干净的土地，还是铺上石材或者其他材料，都在某种程度上装饰并且提升了住宅地面的品质。随着建筑物开始变得越来越复杂，地面也变得越来越复杂。最初，增加连接到第二楼层的架空地面成功了，不久之后，多层楼以及更多复杂的方法变得越来越常见。如今，地面由多种材料组成并被设计成各种形式，从降低居住者的脚步声的地面到能够加热，进而提高所铺房间室内温度的地面等不胜枚举。

架空木地面

架空木地面由木制托梁作为主结构，支承在住宅的外墙上，然后在混凝土地基上砌砖垛，覆盖上夹板底层地板。最后，将顶部覆盖物置于上述木板上，而覆盖物可以是抛光木地板，地毯或者瓷砖。

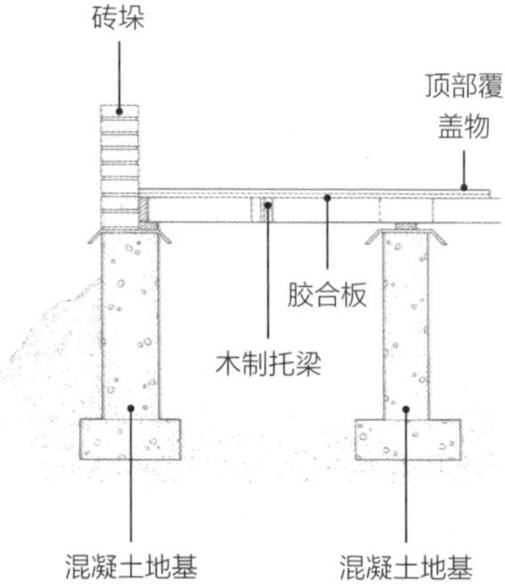

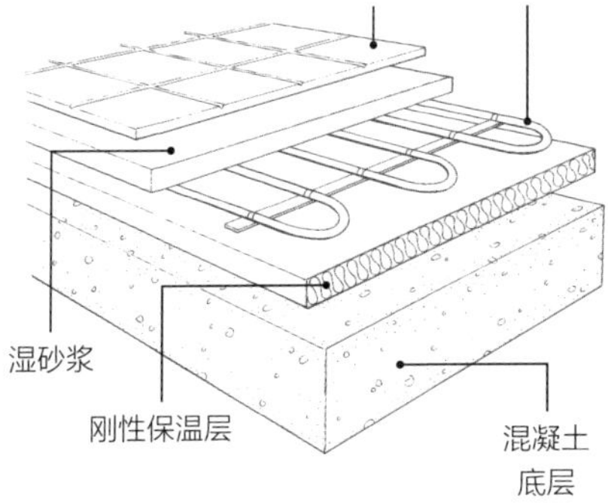

现代化加热地面

最现代化的地面创新是能加热的地面。如左图，刚性保温层铺在浇筑的混凝土底层上，然后在管道网的顶端铺上电热电缆，或者在管道里装热水，最后将湿砂浆浇在上面，再铺上覆层。

预制混凝土地面

预制混凝土地面对于提高建造速度来说是大有帮助的。大型预应力的加固混凝土房梁由起重机吊起到一定位置并排放好。一旦房梁装好，底层的檩条或者混凝土覆盖物就可以放置了，最后将覆层铺设好。

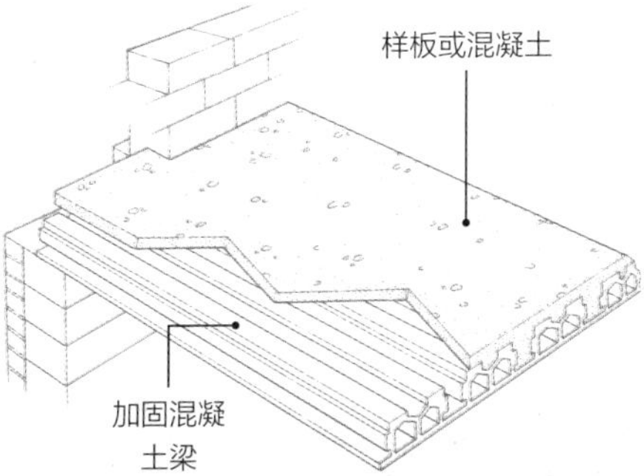

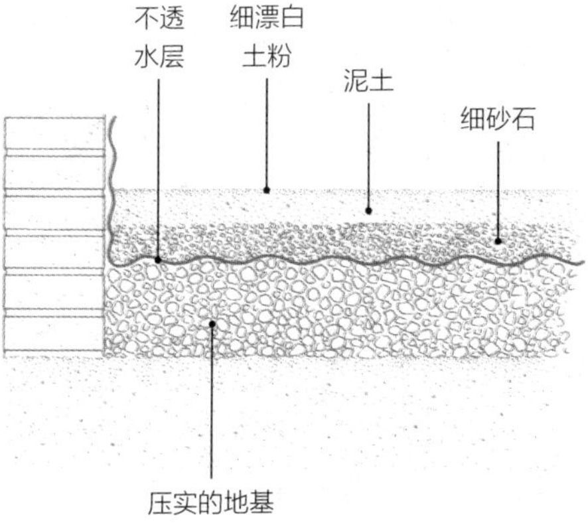

泥地

泥地可能听起来易于施工，但如果要使它更加耐用，就要选用正确的材料并且压实才不会很快裂掉。两种泥地建设方法的特征是分层，其中包括压实的地基，以及填充了泥土或者鹅卵石的顶层覆盖物。

正如人们经常描述的那样，屋顶能体现出一座建筑物的辉煌。不同的建筑风格和建筑时期往往有着不同的屋顶设计，或者起码是不同的倾斜度。以哥特式风格建筑为例，陡峭的斜屋顶，尖顶以及塔楼可以将相对庄重的建筑物转化成剧院或教堂。与此相反，低坡度以及缺少装饰通常是乔治王时代风格屋顶的特色，这些都体现了那个时代的内敛风格。但是抛开风格，屋顶必须保证建筑不受天气影响。无论是平面还是有陡峭的坡度，无论有无老虎窗或者尖塔，只要能遮风挡雨的屋顶就是好屋顶。

永恒的黏土瓦

早在古希腊时期，黏土瓦就有许多种形状和尺寸，起着遮风挡雨的作用。在古老的建筑中，所谓的西班牙筒瓦就是半圆形的瓦片，以凸凹形式紧密排列，形成凸起和凹槽，便于屋顶排水。

哥特式风格塔楼

像女巫的帽子一样栖息在圆柱形塔的顶端，这种受启发于哥特式风格的细节就像维多利亚式风格住宅上的皇冠。在美国，这种奢华的装饰十分普遍，而在世界的其他地方，维多利亚式风格建筑就没有这么华丽了。

维多利亚式风格山墙和门廊

山墙和门廊几乎是维多利亚式风格建筑的标志物，为探究建筑风格的人们提供了简单的线索。一般来说，山墙和门廊倾斜度大于或等于 45°，是昔日设计师们的一种极端设计。

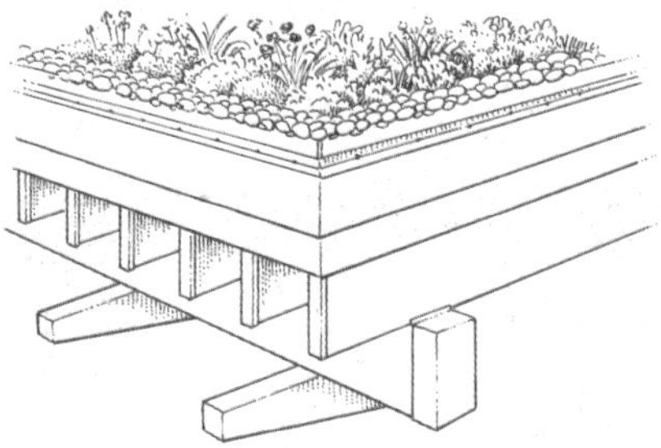

种植屋顶

虽然以前就有用草覆盖的屋顶，但设计便于蔬菜生长的屋顶在现今的新建筑中越来越常见。原因是这种屋顶增强了保温性能和保水性能（减少对下水道系统的影响），并且促进了城市里的生物多样性。

第一印象

窗和门不仅仅是一种通道，也是向室内投射光线和输入新鲜空气的一种方式。它们的数量、布局和尺寸更像是一种声明，声明建筑师对对称性和宏大感的热爱，并通过材料和技巧的和谐使用传达着相应的地域特征。

窗和门是一座建筑能够遮风避雨的基本组成元素，它们也可以被巧妙地处理成某种风格的辨识线索。随着建筑历史的变迁，门窗的特征总在适应不同的风格，比如它们的尺寸、形状以及装饰可以建造成文艺复兴式、草原式、现代主义风格以及任何其他风格。和屋顶一样，窗和门也是改变建筑风格的要素。我们可以将设计诉诸形式不一的拱洞、不同类型的开门机制、玻璃窗的尺寸和数目，以及在建筑外立面上的门的尺寸和形状，来实现不同的建筑风格。

戏剧效果

即使是在一层半的小农舍里，入口和上面的老虎窗也可以制造出戏剧性的效果。在这个案例中，门和窗的尖拱加上在老虎窗上的陡坡屋顶和小尖塔，都显示其设计受到了哥特式风格的影响。

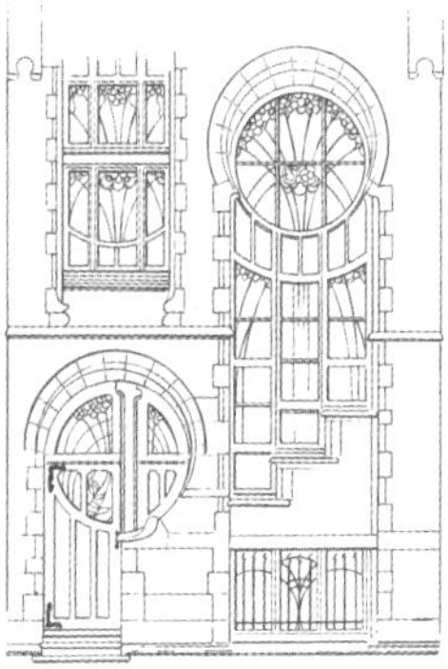

新艺术风格

对称的建筑要素可以搭配出一些不寻常的设计特征，比如在几扇独立的门上装饰一个拱形窗，这样就挑战了建筑风格的定式。漂亮的倾斜镶板和每扇门上不规则设置的三盏灯使得这个设计脱颖而出成为新艺术风格。新艺术风格是一种尽可能与艺术相关的建筑风格。

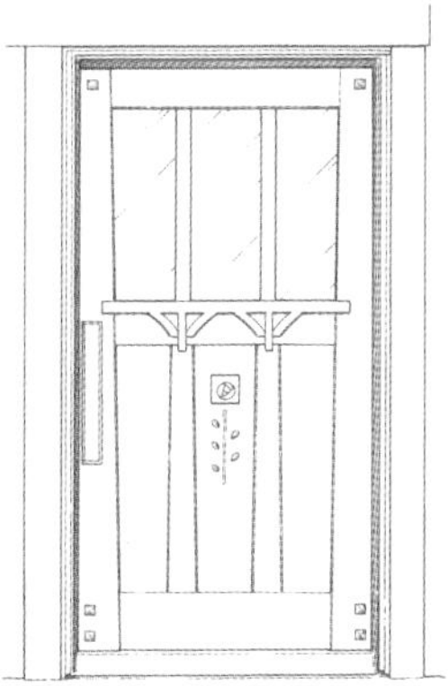

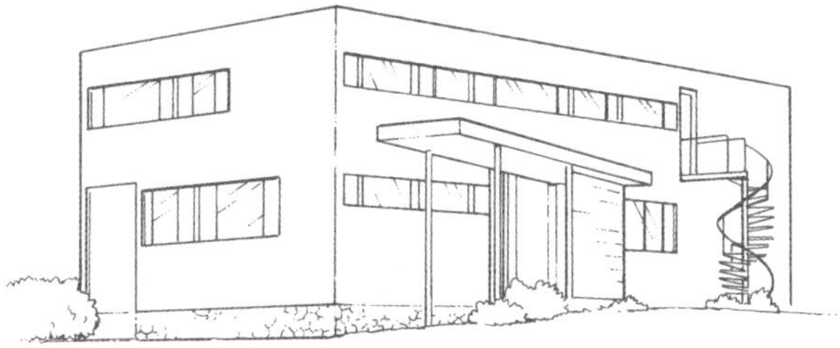

工艺美术运动风格

工艺美术运动风格的设计包含了许多工艺，而它的定义原则是手工精雕细琢。这扇漂亮的前门有矩形的边框和熟铁螺栓，再加上木制装饰刻痕，使得它从批量生产的产品中脱颖而出。

现代主义风格

现代主义风格的建筑主张避开装饰，因此被认为是平淡无奇的。然而，窗的不寻常设计，比如带有不同尺寸装饰带的窗以及最小的窗框架设计（本来尺寸是大且四四方方的），就能为住宅添加亮点。

构件 • 楼梯

屋顶、门和窗可以展现出一座建筑的风格，而内部用来打造戏剧性效果的主要构件之一就是楼梯。花式木墩桩和栏杆是维多利亚式风格设计的重要元素，一些文艺复兴和新古典主义建筑师则倾向于把弧形双层楼梯延伸到二层的客厅中。另外，尽量减少裸露楼梯的骨架，甚至去除纵梁都是现代主义建筑师青睐的方法。无论是什么风格的建筑，总有一种楼梯设计适合它。无论使用什么材料，木材、钢材甚至是玻璃，总有一种楼梯适用。这就是建筑师热衷于将其作为一个风格要素的原因。

新艺术风格的象征

新艺术风格的楼梯优雅地向下延伸到楼梯井，扶手的奢华设计使其变成一件完美的艺术设计作品。这样的曲线和装饰是一种建筑风格的象征，这种风格也源自于同名的艺术运动。

工艺美术运动时期

工艺美术运动风格的设计师的一大兴趣就是充分利用木材延展性好的特点来设计作品。这种楼梯和环绕方式采用了各种接头和切割技术，同时也是赏心悦目的组合。

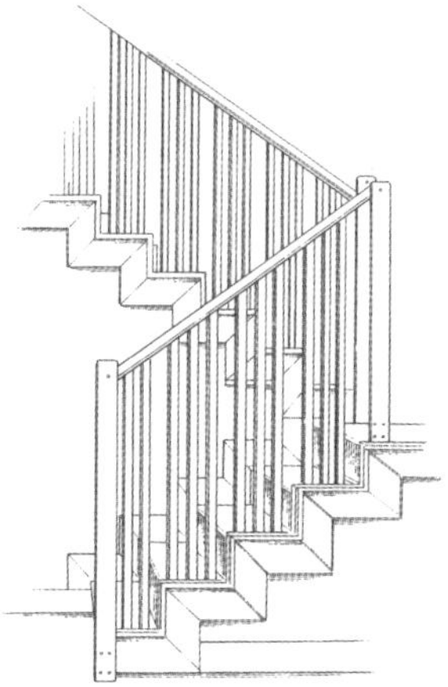

文艺复兴时期（如左图）

多种多样的楼梯平台把栏杆柱和楼梯端柱以及半圆形的（外圆角的）第一级阶梯转化成文艺复兴式风格。然而，这些要素都是从法国的乡间城堡和别墅的大型楼梯中收集来的。

极简主义

在楼梯最基础的形态上，用涂料涂白从而使楼梯与支承楼梯的墙相结合，就是现代主义风格和极简主义风格设计师经常使用的一种手法。如右图，钢筋混凝土楼梯缺少扶手，而这正是覆盖上木头或地毯之前现代建筑楼梯的样子。

就像住宅内部的壁炉和走廊一样，阳台和入口门廊是房屋的外部附加装饰。严格意义上来说，阳台和入口门廊在建筑物完整性上不是十分必要的，而设计师和建筑师却经常用它们来为空白的外观添加趣味性。大型的环绕式阳台和入口门廊在一定程度上还可以阻挡阳光和雨水。小阳台和装饰性门廊的装饰效果远超过它们的实用价值。确定设计的尺寸和位置，然后再观察栏杆柱设计或者山花装饰的细节，就能找到阳台或者门廊的所属风格。

现代主义阳台

这座住宅的设计师密斯·凡·德罗把阳台叫作“外室”，也就是住宅的延伸。这是现代住宅的一个共同特征，避开了阳台之类的装饰物，人们仍然可以享受凉爽的户外空间。

都铎式风格的阳台

相较其装饰性，这种阳台的设计更实用。简单的木扶手和方形栏杆呼应了建筑本身的设计理念。你可以想象居住者走到阳台上眺望街道的景象。

殖民地风格的环绕式阳台

约翰·格里斯沃尔德住宅地处美国罗得岛州纽波特，建有一个跃层阳台。阳台由希腊式风格的柱子支承，而两种不同风格的扶手和阶梯展现着建筑美感。

乔治王时代风格的门廊

除两根希腊式风格的爱奥尼柱之外，这个门廊大部分属于乔治王时代风格。圆柱的设计十分有趣：顶端是爱奥尼柱式，而中间则采用多立克柱式或者塔斯干柱式。

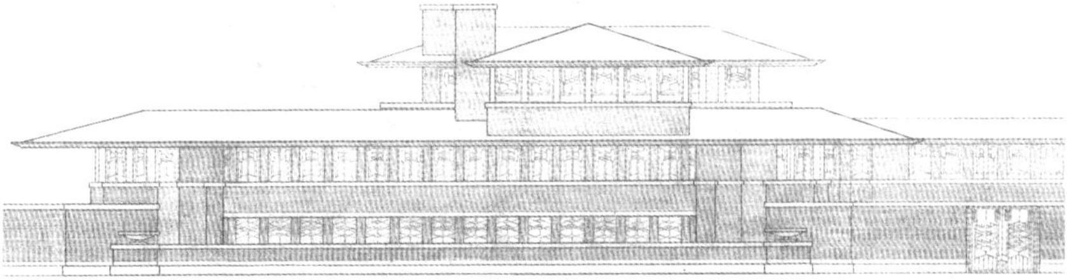

草原式风格的阳台

弗兰克·劳埃德·赖特设计的这座住宅至少有三个阳台，长度几乎横跨整座建筑。白色的石材拉长了整体的视觉感，并增加了建筑整体的线性。

迄今为止提到的元素，如门、窗、阳台、门廊以及屋顶都是从它们的装饰角度以及它们添加的艺术趣味角度进行描述的，而有些部分虽然重要，但仍然只是装饰。建筑师们将柱头的形状、华而不实的窗饰、栏杆柱的形式、尖塔形式添加到住宅的设计中，是因为他们相信这样有助于增加建筑的魅力。这虽然都是正确的，但如果你是现代主义者，那么把所有的装饰减少到极致才是正确之道。

雕刻图案

自从古希腊人在柱子上制造凹槽时起，这种模式就成了建筑的一部分。这种凹槽雕刻成山墙装饰着宏伟的寺庙或壁柱，也装饰着维多利亚式风格住宅的窗沿。所有的这些装饰都加强了建筑的戏剧性效果，还揭示了不同的建筑风格。

哥特式风格窗饰

窗顶端的尖拱是哥特式风格建筑的一个特征。另一个特征是窗框内的精美石刻窗花。这种形式和错综复杂的细节十分常见，有时候出现在教堂里；有时候出现在大型住宅门房的窗上或者周边的黏土坯上。

工艺美术运动风格镶板

自人们开始建造住宅以来，木雕就已被用作装饰。而工艺美术运动则把它推到了高潮。如右图，这个壁炉台用橡树和盾牌装饰，木构件就覆盖在砖石壁炉的外部。

文艺复兴时期的细节

上楣一般环绕着一座建筑的外部屋檐或者内部顶棚边缘。从维多利亚时期到折中主义时期的建筑，建筑师们都采用了这种装饰。而文艺复兴时期的建筑师尤其喜欢上楣装饰。比如，法尔内塞宫就有着错综复杂的装饰。

HOUSE STYLES 住宅风格

接下来的章节会帮你把之前学到的住宅知识通过识别主要住宅风格和建筑运动来付诸实践。首先，我们从都铎式风格开始。

当然，很多住宅不止一种风格，因为后续的改造和更新没有完全抹去它的起源和历史。可以通过收集和学习历史性的或者现代的设计趋势来进行辨别。例如，开发商经常按照某种模板来建造住宅，这样的话，无论住宅是什么背景都易于辨识其风格。工艺住宅是一个更

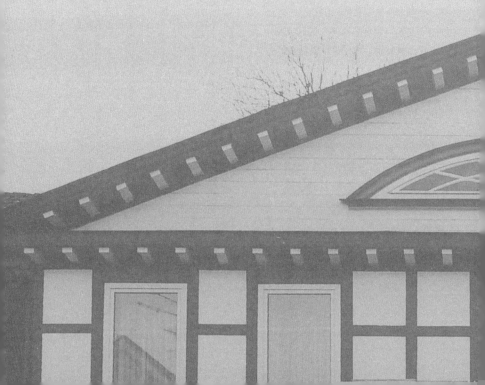

典型的案例，其设计是为了爱而不是为了金钱。尽管如此，它们还是有区别于其他时代住宅的特征和趋势的。学会辨别主要的住宅风格及其特征，我们就能拼凑出不同住宅的历史。无论住宅大小，我们都能欣然分辨出都铎式建筑风格和现代主义风格，也能分清文艺复兴式建筑和古典复兴式建筑，当然也能读懂普韦布洛式风格和草原式风格以及装配式风格乃至拼凑出的媚俗作品。

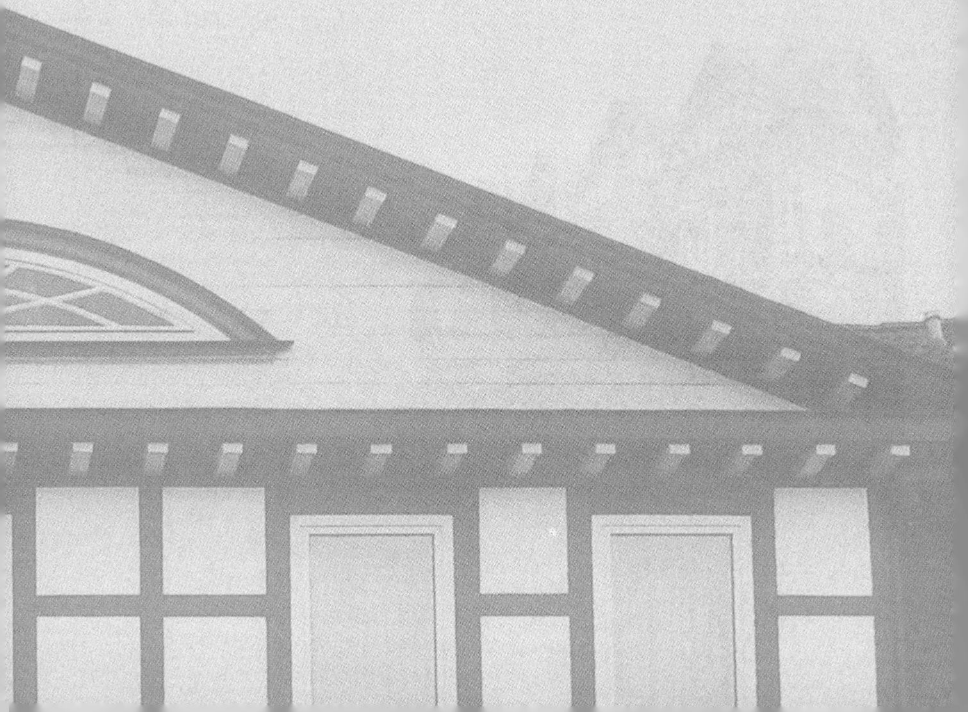

都铎式风格 • 简介

在 1485 年至 1603 年期间，都铎王朝统治着英国。在此期间发展的建筑风格让民居设计脱离了中世纪时代的特征，建造了现今标准下相对“正常”的住宅。

都铎建筑博物馆

这座富商的家建于 15 世纪后期，于 18 世纪后期年久失修，在此后的两百年频繁易主。如今，这是一家博物馆，经重新修葺后成为都铎式风格建筑的设计范例。

这个时期，住宅的特色是黑色木材和白色填充镶板。这种独特的风格不是设计师凭空捏造的，换句话说，住宅是用周边的建筑材料建造成的。英国树木茂盛，所以木材很容易得到，而填充镶板则是由抹灰篱笆墙建成的，采用泥和木棍来建造也比较经济。一些更复杂的建筑还设有砖砌填充墙，通常呈人字形。处在南安普顿的都铎建筑博物馆就向人们呈现了一些都铎式风格建筑的典型特征。比如，上层楼向外延伸超出一楼；窗和门廊顶端有平拱门。外观相对简单的设计与内部的复杂特征形成鲜明对比，比如在内部，木板镶嵌的顶棚是精雕细琢的。这是一个参观的好地方，在这里我们可以弄明白古老的建筑是怎么建成的。真正的都铎王朝建筑大多建于 15 世纪

总统住宅

地处美国新泽西州的这座住宅是为第 28 任美国总统伍德罗 · 威尔逊设计并建造的，直至 19 世纪后期才竣工。作为都铎复兴式风格的建筑，这座住宅强调并突出了一些元素，比如黑色木横梁和祖先留下的白刷墙。这种几何上的完美在过去的年代里是难以实现的。

至 16 世纪。都铎复兴式风格的建筑或都铎式风格的建筑在 19 世纪后期出现并且一直持续到现在。将都铎式风格的建筑与更多的现代建筑方法结合起来，我们可以看出这类建筑的主要美学元素。

都铎复兴式风格的住宅的决定性特征之一就是其附有填充物的深色木材。很多时候，这些木材不再起支承结构重量的作用，而是在住宅墙壁中作为装饰的一部分。在这些深色木材之间通常粉刷灰浆并涂成白色。

然而，不是所有的都铎复兴式风格住宅都如此特征显著。陡斜的屋顶以及在建筑外立面或窗上方的拱门也是很好的线索，而最重要的却是壁炉腔。都铎复兴式风格的建筑展示了在 15 世纪的一大创新，即住宅里附有的封闭式壁炉。这使得对一座住宅设计理念的挖掘更为有趣。由此，我们开始懂得这种住宅的建筑师把烟囱建得如此突出的理由，也开始欣赏古老的建筑传统和后期对传统的效仿的微妙之处。

都铎式风格 • 建筑原型

都铎王朝时期的住宅根据建造位置的不同采用不同的外观。如图，这座 15 世纪的法式庄园与同时期的巴黎的建筑显然不同。德库佩萨尔特庄园是一座私人住宅，三面环水，也是至今仍保存完好的半木结构农场和庄园之一。它的魅力还在于它的不规则设计，横梁的不均匀框架（也叫作木筋）填满红砖，并且有两个石瓦角楼凸出在水面之上。

设计细节

德库佩萨尔特庄园地处法国西北部，其完美地展示了一些都铎式风格住宅的精美细节。在这里，木框架被用来作装饰以及作为结构要素，而砖则用来作填充物，与常见的都铎式风格形成鲜明对比。

15 世纪的本土设计

悬垂二层楼，陡斜屋顶和缺乏对称性都是都铎式风格建筑的标志。这座地处圣叙尔皮斯的住宅的最大特点在于它的茅草屋顶，这也反映了法国北部盛产稻草和芦苇秆的地域特征。另外，厢房的悬垂需要木支架和梁托的支承。

英式半木结构

这座英式住宅是都铎式风格建筑的经典范例。住宅部分由砖建造，黑白木结构的上层建筑悬垂在一楼上方，而大型装饰性烟囱更是这座住宅的一大特征。另外，窗的位置和尺寸几乎是随机分布或设计的。

美式都铎复兴建筑

这座地处美国明尼阿波利斯市的住宅建于 19 世纪 90 年代后期，建筑整体并不使用装饰性木材，而借鉴了都铎王朝时期的建筑形式，如陡斜屋顶以及窗上的拱门。壁炉腔的设置体现了都铎式风格需要夸耀的事实——即屋内有封闭式壁炉。

20 世纪都铎式风格

著名建筑师弗朗西斯 · 皮特于 20 世纪早期设计的地处新西兰但尼丁的平勒住宅是都铎式风格建筑的重要案例。这种风格强调有粉刷涂层、填充镶板的半木结构外形。

尽管都铎式风格也随着时间不断改变，但是这也许是那个时期建筑物的周期性属性。作为 15 世纪典型的大型农场主和庄园主住宅，地处英格兰约克郡谢菲尔德的主教住宅就有着都铎式风格住宅的典型特征。虽然它的屋顶没有像其他时期的住宅一样陡斜，但是石材的运用和黑白相间的上部楼层明显属于都铎式风格。内部房间有井格顶棚，采用重梁支承上层楼房，并且两边都用涂白来减少相对低矮的建筑的视觉冲突。

主教住宅

主教住宅建造的地方照理说归属于约翰逊·布莱兹和他的后代们。两个家族都出过主教，但也没有证据表明他们在这里住过。然而命名的窘迫和主教的缺乏并没有影响这座房屋美丽的都铎式风格设计。

瑞士风情

以都铎式风格建筑的设计理念为基础，再加上当地的设计风格，卢塞恩的这座瑞士风情建筑就展示了来自世界各地的建筑大师和设计师是如何巧妙地运用一种建筑风格的。嵌板的剪刀支承经过精心雕刻成了装饰。

成对的都铎式风格建筑

这座建筑可能看起来像两座相邻的建筑，但事实上这是一座建筑，这是赫伯特家族的住宅。虽然房子主梁可能有点下陷，但这座建在英格兰约克郡的建筑经受住了时间的考验。

新都铎式风格

即使在今天，建筑师设计的住宅还在向都铎王朝时期的建筑致敬。这座地处美国明尼苏达州的住宅属于牧场式风格（我们可以从低坡度屋顶看出）和都铎式风格的混合产物，其中木制、抹灰饰面的上层楼房展示了其属于都铎式风格建筑。虽然整体设计有点混乱，但是其受都铎式风格的影响显而易见。

TUDOR 都铎式风格 · 伊丽莎白女王的狩猎小屋

雄伟楼

想象一下，这座楼房最上层的墙壁除了木结构外都是敞开的。这就是这栋楼刚建立起来的样子。主要是为了国王宴请客人时让客人玩近距离射击游戏而建的。后来被填补上墙壁使之更加适宜居住。

伊丽莎白女王的狩猎小屋地处英格兰埃塞克斯郡，它不是任何形式的宫殿，而是一座皇家住宅，也叫“雄伟楼”。其最初是为国王亨利八世而建的，而他死后留给他的女儿伊丽莎白女王。亨利八世和他的客人会在楼上捕猎，当小鹿被赶过来时进行射击。直到 1650 年，玻璃窗才被装起来。小屋的特别之处是它的木结构被刷成白色来匹配抹灰篱笆墙，因此它不同于那个时代黑白相间的都铎式风格建筑。建筑内部已被全部修复，现在这里是一座博物馆，用来展览都铎王朝时代的文物和工艺品，包括展现当时的木制工艺。

烟囱架

虽然相对缺乏装饰，但烟囱架仍是都铎式风格建筑的一个突出的特征。在某种程度上是因为封闭式壁炉和烟囱烟道那时候刚被发明，同时，相比把它放在木结构内，把火热的烟道置于室外比较安全。

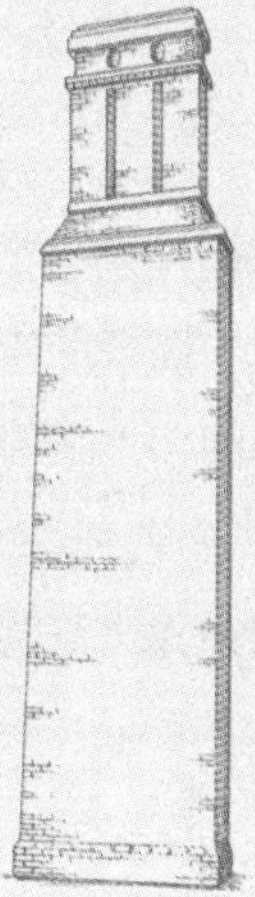

铅窗

原来，亨利八世和他的客人用窗口来射击。直到 1650 年，伊丽莎白女王的狩猎小屋才装上玻璃窗。这种小型铅窗比较契合都铎式风格，同时也不影响房子的宏伟壮观。

木结构的外立面

即使外部的木材已被漆成白色，木结构仍然清晰可见。他们用交叉对角线的木材支承，形成正方形以及椭圆形的镶板，从而防止木结构“受损”（在强风中朝一边崩塌）。

内部木材框架

房屋内部与外部相似，但是没有漆成白色。在内部，作为射击平台和宴会厅，依旧采用黑色为房屋上层宽阔的空间增添了一丝优雅。

不同的都铎式风格

与在英格兰科茨沃尔德的住宅一样，阿尔伯特·卡恩用石材建造了这座住宅。从而造就了一座难以从形式和特征上来识别的都铎式风格住宅。在都铎王朝统治后期，石材已经经常被用在建筑中，所以这座住宅属于都铎式风格。

艺术之巅是由杰出的美国建筑师阿尔伯特·卡恩为艾德赛尔和埃莉诺·福特设计的。这是设计师参照历史风格创造新建筑的伟大案例。艺术之巅坐落在美国底特律市东北部，建于 1926 年。卡恩在英格兰科茨沃尔德也设计过都铎式风格的艺术房屋。这座住宅添加了较大的窗，铸造烟囱炉并采用单坡屋顶。

向上以及向外延伸

很多都铎式风格建筑的上面楼层比相对低矮的楼层向外延伸得更远。这种延伸由超出低楼层墙面的大横梁支承。有些住宅还设有木支架，也叫作梁托，但是这往往会成为一种装饰而不起结构性支承作用。

框架奇迹

砖木结构以及全木结构是用大型木梁柱框架来建造墙壁的一项技术。在这个框架里的是涂上泥浆和石灰的砖或木材填充镶板，我们也称之为抹灰篱笆墙。

创造效果

在都铎式风格住宅中，大型烟囱腔和长且华丽的烟囱十分常见，同时这在当时也是地位的象征。这些特征还表明这座住宅附有封闭式壁炉。封闭式壁炉是在跃层建筑里才能建造的创新结构，它可以把烟雾从室内空间排出。

都铎式风格 · 门和窗

都铎式风格装修

处在英格兰白金汉郡的雅诗阁屋，三百年来装修了一次又一次。然而，所有的拓展都与原始风格保持一致。所以，这些新元素使这座建筑在各个时期都保持住了特有的魅力。

始建于 1606 年的雅诗阁屋已经经历了很多变故。在 19 世纪，建筑师乔治 · 迪维应利奥波德 · 罗斯柴尔德的要求建造一座狩猎小屋以及乡村别墅。迪维采用原始都铎式风格进行设计。即使可以不增加铅窗，建筑师还是坚持设计了传统的带有十字形铅窗格的都铎式风格小窗。入口也很有特色，门廊是带有都铎式风格的尖拱，而不是后来的哥特式尖拱或者罗马式半圆形拱。与其他建筑不同的是，这座建筑还有一个顶棚。

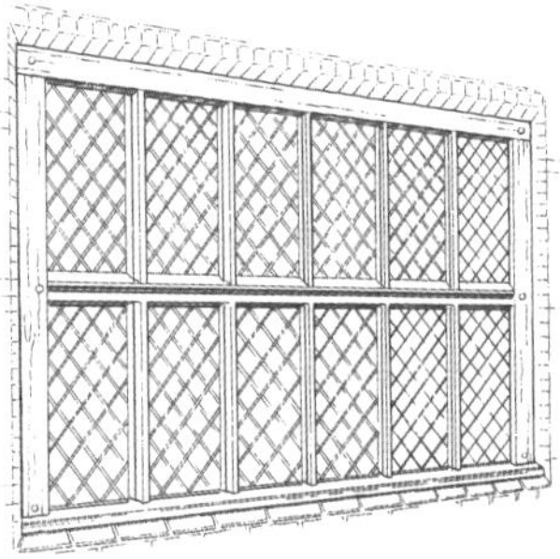

小玻璃窗

地处伦敦东区哈克尼的萨顿屋有着经典的都铎式风格窗。由于当时的玻璃制造业刚起步，所以只能制造出小块的清晰玻璃。于是人们用铅条将许多小玻璃块连接起来，才形成一扇窗。

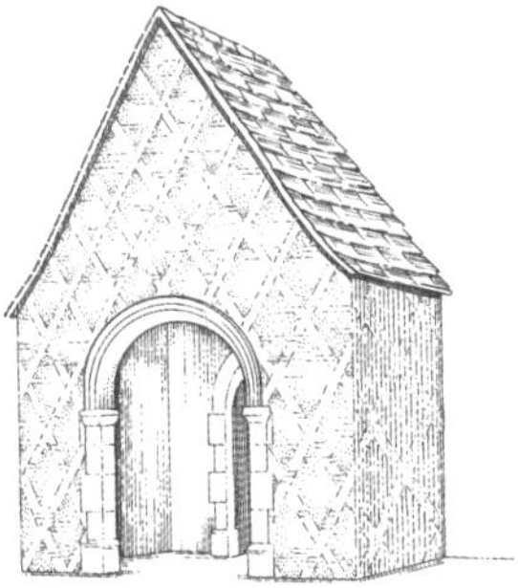

陡坡门廊

门廊的屋顶往往最能反映一栋建筑的风格。而都铎式风格的门廊的主要特征就是陡斜屋顶。在屋顶上，我们可以覆盖石板、瓷砖或者茅草，以及任何在住宅附近容易找到的材料。

拓展型窗口

很多都铎王朝时期或者之前的建筑内部都经历了很长的黑暗时期。造成这一问题的主要原因是窗税，即根据住宅中窗的数量来支付的税金。而建筑大师们用延展托架式的窗来解决这个问题，这种窗结合了多个窗格，共同构成大型开放性玻璃窗。

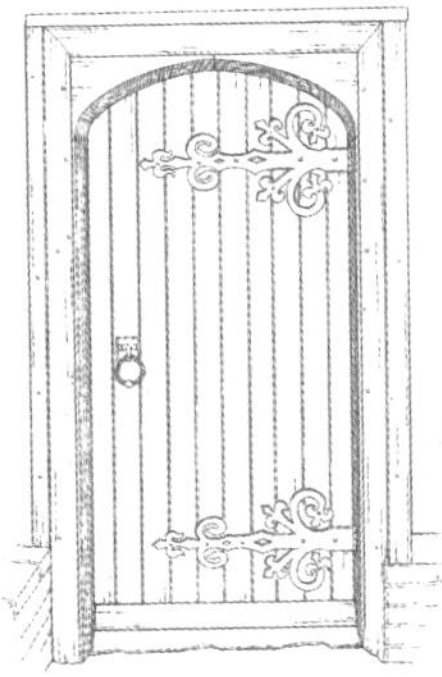

多镶板门

在刨花板和胶合板等现代工艺出现之前，工匠大多用木材制造门，所以都铎王朝时期的房屋的门大多是用镶板的。使用截面小的木材就意味着要将木框架和镶板拼凑在一起组成门。

存续的辉煌

阳光港住宅地处英格兰西北部，是慈善家利弗于 1888 年为他的阳光肥皂厂的工人所建造的。作为都铎式风格建筑的典范，阳光港住宅是在都铎式风格建筑首次出现的两百多年后建造的，至今保留着黑白相间的造型，辨识度极高。

外部的装饰不是都铎式风格住宅设计师常常考虑的问题，一是装饰花费比较大，二是在当时，原始材料和技术有限的情况下，一些装饰很难实现。然而，为了弥补阳台、塔楼以及尖塔在装饰上的缺陷，都铎式风格住宅加强了设计感和建筑美的持久性。无论住宅大小，黑白木材和填充镶板的使用都使得都铎式风格住宅易于辨识。虽然这种结构类型以功能性为主，但是木框架以及填补空白的防水镶板的使用弥补了装饰上的缺陷，同时营造了一种富有视觉冲击力的氛围，至今仍被模仿着。

华丽的烟囱

如果一座住宅安装有内置封闭式壁炉，那么烟囱的砖就会被设计成旋流式或错综复杂的样式。这就是许多都铎式风格住宅的典型标志。

装饰上楣

在都铎式风格的住宅中，装饰细节经常受到限制，然而，上楣却给予了工匠一展身手的机会。这些设计有的是简单重复的图案，有的甚至是花卉和动物等相当复杂的样式。

装饰性砖木结构

都铎式风格住宅的共同特征就是在标准长方形黑色木材中填充白色的抹灰篱笆墙。一些技艺精湛的工匠们远走他乡，从而为住宅引入各种各样的装饰元素。于是，一种精美的住宅设计从陈规中脱颖而出。

展示性住宅

如果说普通人的住宅是稍加装饰的简单设计，那么富人们的住宅则展现了高级工匠的技艺，尤其是木制镶板工艺。在胶合板发明之前，人们使用当地的木材以及由木板塑造的小镶板来代替，其中，当地的木材主要是橡木。

在一定意义上说，21 世纪的“室内设计”起源于都铎王朝时期。那时大多数的住宅只是简单的避风港，室内的美化并不十分重要。然而，真正富裕的人家则完全不同，比如在英格兰柴郡的小莫顿庄园就证实了精细的工艺是为富人实施的。小莫顿庄园使用的装饰材料有充足的木材以及原始的玻璃（注意在大窗格里的小玻璃块的应用，因为那时大块玻璃还未被制造出来），如此精细的做工和细节造就了一座真正富丽堂皇的住宅。

壁炉焦点

壁炉是每个家庭的中心，它不仅是热量的来源，可以用来做饭，还是人们聚集的地方。如果想要美化家居，壁炉是可以投入的地方。壁炉周围通常是都铎式风格拱门和简洁精致的细节设计，符合一个家庭简朴而不失大气的风格。

装饰少

纯白色的内墙与深色的木横梁相协调，这样的风格不易出错，并在建筑史上传承至今。在都铎王朝时期，只有烛火提供照明，或是让光线通过一些小块玻璃照进室内，而在这种简约的室内设计中，白色镶板可以让房子变得明亮起来，这是当时必不可少的设计元素。

简约美

空中农舍地处英格兰的苏塞克斯郡，是 17 世纪典型的都铎式风格乡村建筑。由于住宅只有几扇小窗，室内光线昏暗。其中，一楼墙壁铺满石头，而二楼则有抹灰篱笆墙，与重型结构木梁形成鲜明对比。

文艺复兴式风格 • 简介

文艺复兴时期是住宅设计史上十分重要的阶段，关键不在于这段时间内住宅数量的增长，而在于这段时期对住宅设计的影响。文艺复兴时期的建筑在很大规模上借鉴了古希腊式风格和古罗马式风格。文艺复兴式风格起源于意大利，并迅速蔓延至法国、德国和俄罗斯，并在 15 世纪至 17 世纪期间，流行于欧洲。

高雅设计

法尔内塞宫是罗马最重要的宫殿之一，设计于 1517 年并在后来进行重建。值得注意的是其对经典元素的使用，比如覆盖在窗上和凯旋门入口处的不同类型的山花。

这种风格的倡导者注重对称、几何形状以及均质性，并且经常借鉴古希腊神庙的设计灵感，那一排排相同的列柱以及重复的外观都是其模仿对象。由于文艺复兴时期建造的住宅比较关注中心线的对称和比例的分布，所以这段时期的住宅辨识度很高。

这段时间的典型案例就是地处罗马的法尔内塞宫。这里如今是法国大使馆。建筑中央的拱门入口处设有一排排相同大小的窗。设计对称，匀称优美，让这样一座宏伟的建筑，能引人注意却又令人肃然起敬。

梅蒂奇别墅也叫作梅蒂奇别墅外交部，是文艺复兴时期重要的建筑之

一。该建筑始建于 1484 年至 1520 年之间，由朱利亚诺·达·桑加洛设计，是洛伦佐·德·梅蒂奇的夏季住所。洛伦佐·德·梅蒂奇是名外交家，也是政治家。这座房子是其在意大利佛罗伦萨的一系列住宅之一。作为文艺复兴式风格发展的典范，半圆形罗马式拱门和位于弧形的双楼梯顶部的大型山花都借鉴了古希腊和古罗马的建筑风格。山花是基于古希腊庙宇的一种元素，与两道楼梯所体现出的庄严相匹配。

弧形的楼梯和屋顶上的大型雕刻时钟彰显了新一代建筑大师的设计技巧，而他们和之前建造雅典卫城及罗马竞技场的建筑大师们一同影响着接下来三百年的建筑师们。

华丽大门

梅蒂奇别墅的弧形双楼梯揭示了文艺复兴式风格是如何借鉴古代设计灵感，并融合到建筑师自己的主色调中的。

文艺复兴式风格起源于意大利，而至今我们仍能找到这种类型的范例。其中，由米开罗佐·迪·巴多罗米欧在佛罗伦萨设计的梅蒂奇庄园便是其中之一。这座住宅从平面上看是方形的，其装饰远不及相同风格的别墅隆重。这种设计反映了文艺复兴初期的状况，那时候，像迪·巴多罗米欧一样的设计师不是纯粹的设计师，而是雕刻家以及画家，所以他们严格按照古希腊和古罗马建筑师的原则进行设计。后来，设计师才逐渐开始在文艺复兴时期的住宅上加上自己的装饰。

意大利起源

梅蒂奇庄园坐落在一个倾斜的山坡上，是意大利古老的、文艺复兴时期的住宅之一。尽管五个半世纪以来进行了无数次整修和改造，住宅和周边的花园的设计依然是典型的文艺复兴式风格。

典型设计

文艺复兴时期的设计有两个非常显著的隐含特征：一是对称性，二是奢华性，即古典式风格装饰。图中的拱门、山花、坛状雕塑以及屋顶的圆拱檐口都充斥着古典风格的设计元素。

重复的规则

在 16 世纪，位于罗马的法尔内塞宫就是城市文艺复兴式风格的典范。乡村别墅多趋于华丽，而城市里的建筑却更稳重。但是，城市建筑在布局上的对称性方面还是十分严格的。

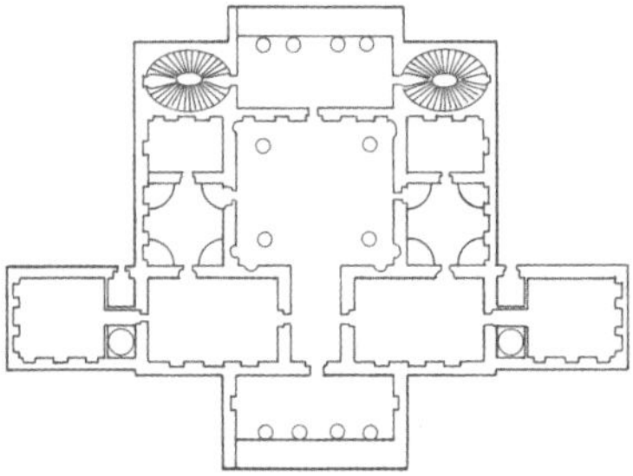

对称布局

上图是安德烈亚 · 帕拉迪奥设计的意大利别墅。如果拿一支铅笔从平面图的顶端中心垂直向下画一条线，就会发现这座别墅是完全对称的。这种设计不仅用于文艺复兴时期建筑的规划布局上，还应用于建筑外观上，给人一种井然有序的感觉。其实在对称背后往往隐藏着大量的装饰元素。

文艺复兴式风格内部设计

这座建筑建于 15 世纪，地处意大利佛罗伦萨。如上图，这座加迪家族宅邸的内部布局草图很有趣，从中可以看出文艺复兴式风格设计的复杂性。一般来说，都铎式风格的建筑有着简单的结构，而这种新兴风格则考验着建造者的楼层设计技巧和对房间的安排能力。

英式风格

在欧洲，女王的平屋顶宅邸（俗称女王宫）相比文艺复兴时期的其他建筑是不寻常的，而这种建筑形式在英国十分常见。帕拉迪奥是文艺复兴时期的设计先驱之一，伊尼戈·琼斯的设计也正是受他启发。这种设计往往摒弃精细的装饰，严格地遵循对称和比例的原则。

当文艺复兴风格盛行于意大利时，来自不同国家的艺术家和建筑师们都来到这里学习古希腊和古罗马建筑的理念是如何得以复苏并进行重新诠释的。这其中的一名旅客就是伊尼戈·琼斯，他于16世纪晚期造访意大利，并把相关的建筑知识带回英国，从而设计了英国第一座，也是最好的一座意大利文艺复兴式风格建筑。另一个案例是地处伦敦的女王宫，也就是现在的英国国家海事博物馆的一部分。这座建筑是国王詹姆斯一世委托建筑师为丹麦公主安妮所建造的。其主屋在两边的长列柱中间，是一个很好的帕拉迪奥建筑案例。

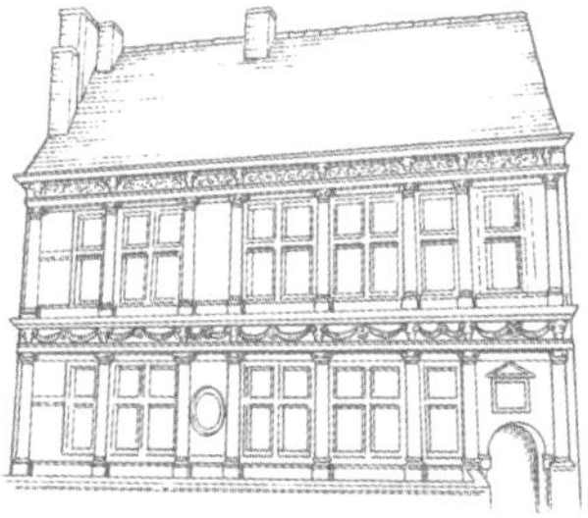

法式风格

没有哪个国家比法国更能逆转潮流。上图是一座法国文艺复兴式风格的不对称建筑的案例。其特征包括在外立面壁柱顶端的爱奥尼柱头、罗马式拱门以及精心雕琢的花环装饰。

捷克式风格

地处捷克托利采的一座文艺复兴式风格住宅现已变成了小镇里的博物馆。拱形底座加上其顶部精心雕琢的山墙，再往上是两个山花，这就是16世纪北欧文艺复兴时期的设计典范。

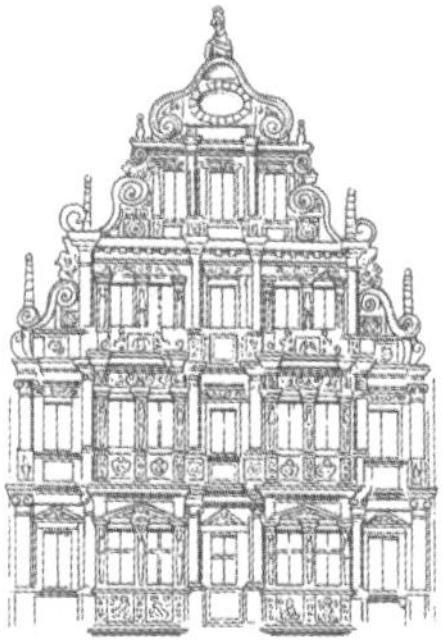

荷兰式风格

亨德里克·德·凯泽于1615年在阿姆斯特丹设计的巴托洛逖住宅，这座地处荷兰的文艺复兴式风格建筑由红砖建成，从顶端的罗马金塔到列柱再到其他的装饰都充斥着这种风格。然而值得注意的是，建筑的每个部分仍是对称的，从而使得这些装饰井然有序。

华美的德式风格

建于文艺复兴后期的这座住宅是德国海德堡最古老的建筑之一。这座建筑的设计遍布着雕塑装饰元素，但与巴托洛逖住宅一样，建筑形式和装饰风格都符合文艺复兴时期的对称性特征。

RENAISSANCE

文艺复兴式风格・圆厅别墅

安德烈亚・帕拉迪奥在意大利北部维琴察设计的圆厅别墅也叫作“阿尔梅里科别墅”，被收录在联合国教科文组织世界遗产名录内，也是一座美丽的建筑作品。这座建筑以中央圆形大厅为中心，其各个方面都是完全对称的，而且通过中央坡屋顶就可以看到中央圆形大厅。帕拉迪奥在建造时，把别墅沿南北轴旋转45°，从而使得其所有房间在每天的某一刻能享受到阳光。在别墅建成前，帕拉迪奥以及房主保罗・阿尔梅里科相继去世，最终，住宅由文森佐・斯卡莫兹继承。

意大利建筑起源

文艺复兴式风格的建筑起源于意大利，而圆厅别墅正是文艺复兴极盛时期的范例。然而之后，当建筑师使用这种风格的热情慢慢消退，就不再严格遵守文艺复兴式风格的规则了。

门廊

圆厅别墅的一个重要元素就是在各个立面上都有一道门廊。这种设计借鉴了古希腊神庙的山花的设计理念，而建筑的规模则赋予这座相对现代的文艺复兴式风格建筑一种庄严感。

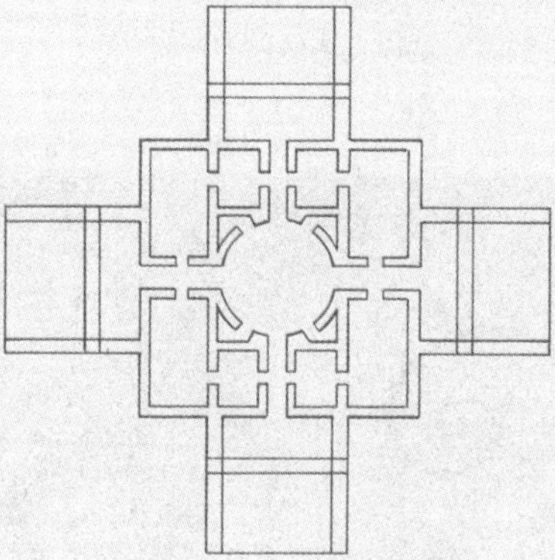

平面图

对于帕拉迪奥和许多文艺复兴时期的建筑师来说，没有比圆厅别墅的平面图更能体现对称性的重要的了。围绕着中央圆形大厅，从四个入口进入，分别有四道走廊，走廊两侧配有相应比例大小的房间。

古典神像

在四边门廊上方的山花顶端各屹立着一座雕像，这些雕像基本都是古典的神像。参照古希腊和古罗马的雕像是文艺复兴时期仿古的另一种表现。

材料对于文艺复兴时期的建筑来说虽然十分重要，但是在这段时期没有用材料来辨别该建筑类型的技巧，这是因为设计和建筑技巧正变得越来越复杂，建筑师和客户有了更多的材料选择。比如巴黎市中心的孚日广场，是受亨利四世委托而建造的。鲜明对比的色彩突出了文艺复兴式的设计风格，营造了更为宏大的氛围。

城市复兴

在巴黎孚日广场旁，有35座建筑是国王亨利四世于1604年委托巴蒂斯特·杜塞尔索设计并陆续建造而成的。这些建筑揭示了当时法国的建筑特征——采用高且优雅的薄窗洞以及内敛的装饰。

精致的石雕

位于美国罗得岛州的听涛山庄是由理查德·莫里斯·亨特于1893设计建造的。其奢华的全石材设计，是美国富人向欧洲上流社会学习的经典案例。这座建筑同时见证了当年石匠建造典型石砌建筑的精湛技艺。

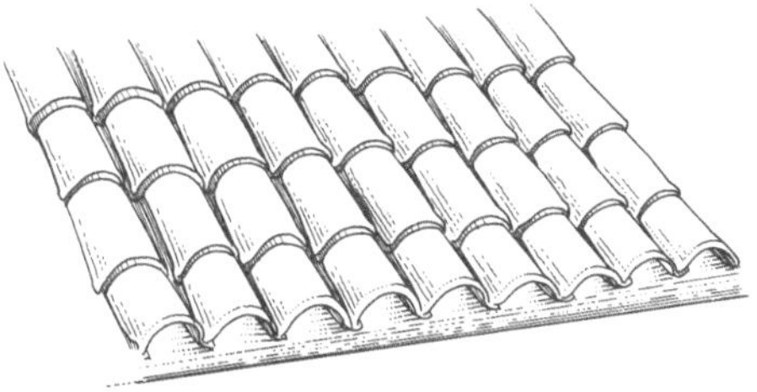

瓦屋顶

文艺复兴时期的住宅多使用瓦屋顶。然而，由于所处地理位置不同，可采用的材料也不同，如石板瓦、曲面黏土、陶瓷砖等。在法国，尤其是在巴黎，人们倾向于在陡斜屋顶上铺灰色石板瓦，而在文艺复兴时期的意大利乡村，人们几乎都是在低坡屋顶上覆盖红瓷砖。

砖结构

在石材稀缺的地区，砖是最常使用的材料。因此，在欧洲南部，如意大利，人们使用砖来建造住宅，在欧洲北部的住宅也多用砖建造，只有在做装饰品或者突出设计重点时才使用石材。

采光亭

采光亭设计经常被用于文艺复兴时期的教堂和那些平面对称的住宅中。此外，文艺复兴时期的设计师还喜欢将穹顶或塔架设在采光亭上，因为这些带有小窗的采光亭增加了主圆顶的透光性。

文艺复兴式风格 • 门和窗

对称性和比例是决定文艺复兴时期建筑风格的重要元素。所以，无论一座文艺复兴式风格的建筑是古希腊模式的坚守者还是文艺复兴原则的完美演绎者，门和窗的作用都十分重要。位于法国多尔多涅省的德·拉·波埃西宅邸，其意大利文艺复兴式风格的特征就十分明显。建筑的窗分布均衡，定位精准，与文艺复兴时期的设计理念相一致。

定位

即使这座住宅在法国，只要它的建筑风格是意大利的文艺复兴式风格，那么表面的窗的分布就是均衡美观的。并且，设计师在考虑建筑物的形式和精妙的中心线之后，才进行窗的布局设计。这些复杂的设计使得文艺复兴时期的风格特征不再显而易见，而要用专业的眼光去挖掘。

形态的多样性

在美国的夏洛特市，由邦尼于 1928 年设计建造的一座名为鲁兹尔的住宅，以不同形态的窗和窗框为特色。 这座建筑以矩形设计为主，同时，罗马式半圆形拱和装饰有山花的窗也是文艺复兴式风格建筑的一大特征。

罗马式拱结构

通过拱结构往往能很好地辨别一座建筑设计的影响力。在文艺复兴时期，受古罗马建筑的影响，简单的半圆形拱结构深受建筑师们喜爱。所以，如果拱顶是尖的，那么拱门下方的建筑就不是罗马式建筑，而是哥特式建筑。这样的案例数不胜数。

三角形和曲线形山花

传统意义上说，山花是寺庙或建筑入口处的一排排列柱上的三角形构造。然而，文艺复兴时期的建筑师在窗上使用山花，不仅有三角形的，还有曲线形的甚至是带缺口的。

周边雕刻

文艺复兴时期的建筑师的主要工作之一是装饰建筑，所以在门和窗边的雕刻比较常见。通常情况下，装饰包括带有浮雕的壁柱，其处在开口的任意一边，向上延伸，给人一种支承着上楣的感觉。

建筑的装饰有许多种形式，其中包括浮雕和山花。除此之外，文艺复兴时期的建筑特征还包括雕塑和雕刻图案的运用，尤其是雕刻图案中的瓮以及上檐和山花的装饰细节。粗面砌筑就是把粗削石部分或全部混合到建筑中，这在文艺复兴式风格住宅中相对罕见。位于澳大利亚圣基尔达，由约翰·吉尔设计的艾尔顿宅邸就成功运用了粗面砌筑，粗制的墙角或者房屋突角加强了建筑形式的塑造，并且为建筑的正立面增加了戏剧性的视觉效果。

粗面文艺复兴建筑

艾尔顿宅邸最初被称为巴勒姆府，在1850年进行整修之后，宅邸内住进了很多富裕家庭和经济型背包客。如今这里成了一座法语学校。该建筑华丽的外观由粗削石和粉刷灰泥混合而成，展现出一种强大的建筑张力。

现代化的尝试

新伊斯灵顿之家是英国 FAT 建筑事务所设计的住宅建筑。显而易见，这是一座现代化的住宅，但建筑师选择了用花边式齿形山墙装饰建筑外立面，并用白色装饰结构衬托窗及周边。这是一个非常现代的依托文艺复兴式建筑风格的设计案例。

非同寻常的山墙形式

对于文艺复兴时期的设计，戏剧性和艺术性，以及对称性和比例都是极其重要的。如上图，这种现代荷兰式住宅有着精美的、独一无二的山墙。这种布满雕刻的山墙体现了建筑师的激情。

刮除法装饰

刮除法是将有色灰泥涂到墙上从而达到着色效果的技术，这种技术在文艺复兴时期的艺术家中十分流行，如艺术家帕里德罗·达·卡拉瓦乔就十分喜爱这种技术。在 16 世纪，德国建筑师将这种技术带回欧洲北部。虽然现在许多原始的案例已经消失，但在德国和澳大利亚，我们仍能看见使用此技术的较新的作品。

雕塑的使用

基于古希腊和古罗马的建筑设计理念，现在的文艺复兴式风格建筑中充斥着雕塑设计。而中楣通常结合单一的图案，和瓮一样，同是古罗马时代的象征。

RENAISSANCE 文艺复兴式风格·室内设计

在欧洲，华丽的文艺复兴式风格住宅的室内设计复杂程度不亚于光鲜的外观设计。在美国，文艺复兴式风格建筑的室内设计则更加奢华，最受喜爱的装饰元素有处于墙和顶棚边界的附有大量雕刻图案的上楣，带图案的顶棚，大型壁炉上的雕塑等。结构元素也被赋予装饰效果。多个大型拱、凹槽或光滑柱体都使用复合材料进行装饰，同时爱奥尼柱也常出现在大型文艺复兴式风格住宅中。

文艺复兴时期的辉煌

由罗伯特·史密森设计的位于英格兰德比郡的哈德威克厅，外部的对称结构准确地转化成内在长且高的房间。这些房间里装有大壁炉，湿壁画，带有交织而成的图案的顶棚、棕叶的装饰线条以及源于古希腊设计的花饰。

湿壁画

文艺复兴时期的艺术家倡导直接在墙体上画一系列场景作为壁画。在意大利，梅蒂奇别墅内部有很多亚历山大·阿楼瑞所绘的湿壁画，它们通常描绘古罗马时代的人物、神话以及传说。

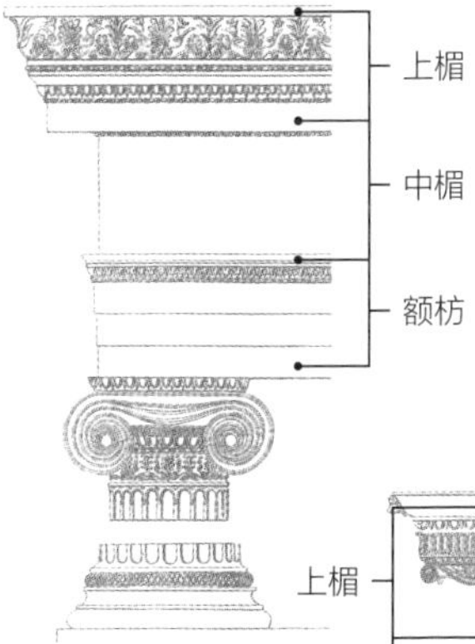

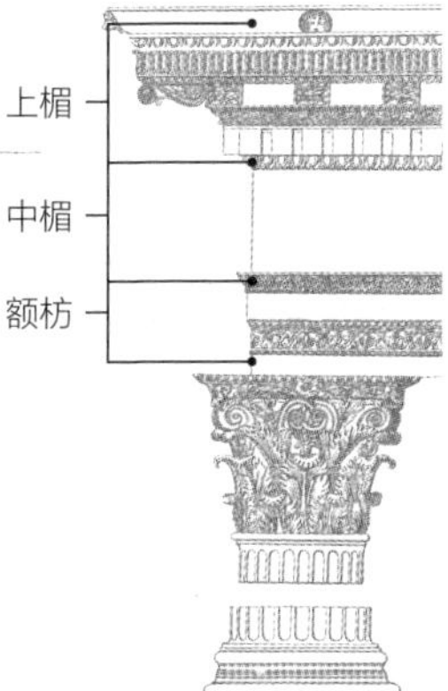

古典图案

柱子不仅可以当作结构成分，也可以当作额外的装饰，是最有名的历史建筑要素被广为使用。而文艺复兴时期的建筑师则效仿古罗马建筑风格，大量使用列柱和壁柱，使得住宅入口处更加引人注目。

华丽雕刻的栏杆

如果一座楼梯想要变得戏剧化，那么奇特的栏杆就必不可少。在文艺复兴时期，由曲线形栏杆柱组成的栏杆可能是住宅中最精巧的设计。再加上设计师对弧形楼梯的偏爱，更加体现了文艺复兴时期建筑的辉煌。

美国的殖民地风格 • 简介

在美国，殖民时期建筑囊括多种风格，分别由来自欧洲的不同国家的殖民者们传入。在16世纪至19世纪期间，殖民者们用什么材料建造住宅取决于当地有什么材料可用。然而，他们依旧采用他们已知的建筑方法，比如，荷兰人和英国人喜欢在木材上砌筑砖石建筑，西班牙人则倾向于用抹灰粉刷、修饰土坯。

这些住宅的外形十分有趣。即使殖民者们只能使用相对他们来说较新的材料，但他们仍然保持原来的构想，从而导致建筑的设计比较奇特。比如这座西班牙海关就是法国殖民地风格建筑与加勒比海区域建筑混合的典型案例。我们经常可以在法国殖民地风格的建筑上看到阳台以及屋顶上小而长的老虎窗。这些特征已经传承了一代又一代，甚至现代的建筑师们仍然在使用。从建筑学上解释，阳台创造了温暖且潮湿的户外生活空间，而小型老虎窗则防止过多热量进入楼上的房间。

法国风情

法国人建造了许多美丽的殖民地风格住宅，其中大多数带有阳台，就像这座建于美国新奥尔良州普兰泰市的名为西班牙海关的住宅一样。十八世纪初，殖民者进入密西西比河流域不久，就创建了这种建筑风格。

由于柯文屋的主人与1692年的塞勒姆审巫案有关，柯文屋也叫作女巫之家。地处美国马萨诸塞州的塞勒姆，柯文屋是英国殖民者早期住宅保留下来的最好案例。这座住宅是为乔纳森·柯文而建的，住宅的一部分采用都铎式风格，陡斜的坡屋顶线，三连窗以及大且居中的屋顶都展示了这种风格。在结构上，柯文屋也保留了英式建筑的许多特质，内置木板条和灰泥梁柱结构的使用赋予建筑一种显著的英式风格。相比这些英式风格的室内设计元素，护墙板组成的外立面则采用了显而易见的美式风格。

英式的住宅

柯文屋是殖民地风格与都铎式风格混搭的住宅，展现了殖民者是如何进入美洲大陆的。也许这比一般殖民者的住宅都大，但是无论这座住宅是富人住的还是平民百姓开始新生活的地方，殖民时期住宅的基本设计原则都是相同的。

德国根源

席费尔斯塔特建筑博物馆是德国殖民地风格的建筑。它的规模和房间数超越了同时期的新殖民者的简陋居所。通常情况下，新殖民者首先拥有的是简单的小木屋，然后是大型砖木结构住宅，最终，也许是一两代人之后，就有了类似席费尔斯塔特建筑博物馆一样的住宅。

殖民者们来到美国是为了更好的生活，所以他们建造了更大更持久的住宅。这座建造于 1758 年的位于美国马里兰州的席费尔斯塔特建筑博物馆，曾经是德国殖民者约瑟夫·布鲁纳的儿子埃利亚斯·布鲁纳的住宅。埃利亚斯是用当地的砂石建造了这座住宅，坚固的石头墙壁、小窗、陡峭坡屋顶体现的建筑风格可以追溯到约瑟夫和埃利亚斯的故乡德国。从建筑的名字中我们也可以发现这一点，“席费尔斯塔特”正是他们在德国的家乡的名字。

住宅历史

1776 年，斯塔顿岛和平会议就是在这座住宅里举行的。从朴素的前门可以看出，这本是座民宅。在当时，木结构住宅比较常见，而富人则建造石材住宅。这是一座英国殖民地风格的建筑。

英、荷式建筑

1661 年在纽约建造的约翰 · 鲍温住宅是一座英、荷式建筑。有荷兰式风格的建筑，就意味着住宅前面有两层，后面有一层，中间用倾斜的屋顶连接，这也叫盐盒式房子。后方的倾斜老虎窗保证了二楼空间的使用。原本简单的矩形设计添加了额外的厢房之后提高了房屋西面的高度。

双重荷兰式

18 世纪 40 年代建造的位于纽约的约翰 · 泰勒住宅的双坡、斜屋顶表明了它是荷兰殖民地风格的建筑。其砖石建筑和对称的两座烟囱也揭露了建造者的起源地。

简单的地中海式

1818 年，洛杉矶市前市长弗朗西斯 · 何塞 · 阿维拉在洛杉矶市建造了阿维拉住宅。土坯的使用表明这是一座地中海式风格的建筑。当时，这里是餐馆和招待所，而现在，它成了一座展示 19 世纪文物的博物馆。

美国最流行的简朴的复古建筑风格不是文艺复兴式风格，也不是新古典主义风格，而是荷兰殖民地风格。如图，这座较新的住宅明显参考了 17 世纪和 18 世纪期间进入美国的荷兰式建筑特征，如它的屋顶形状、材料以及窗的位置。许多新住宅设计喜欢回溯历史的原因是不确定的，有根据的推测是人们倾向于喜欢他们已知的风格。所以，一名成功的建筑师通常呈现出类似这样的设计作品，而不是全新风格的设计作品。

荷兰殖民复兴

这座住宅有着复折式屋顶和石质底层，这样的建筑风格源自荷兰殖民时期的建筑。加上些许奢华的柱廊，这样的建筑就比新古典主义风格建筑更舒适。同样地，这座住宅在设计中也展现了相应的历史文化。

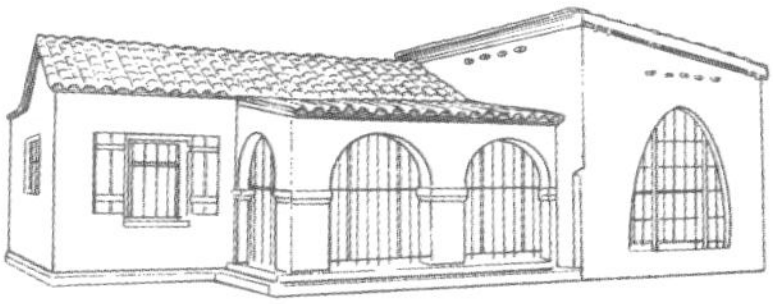

西班牙殖民复兴

东阿尔瓦拉多历史街区地处美国亚利桑那州凤凰城，至今仍完好保存着一些有重要建筑意义的房屋。在 20 世纪 20 年代，这座西班牙殖民地风格的住宅是在新趋势席卷该地区时最早建造的。它的拱门、粉刷的外墙以及红瓦的屋顶给人一种典型殖民地风格建筑的感觉。

法国殖民复兴

这座新住宅由建筑师库珀 · 约翰逊 · 史密斯设计，建在美国佛罗里达州，它几乎是 18 世纪后期和 19 世纪初的法国殖民时期住宅的翻版。其设计体系带有法国南部地区追求舒适设计的历史特征，也受到了法式建筑风格的启发。我们至今依然可以寻觅到那个时期遗存的、乍看还新的建筑。

德国殖民复兴

虽然这座简单的小住宅像小孩的随手涂鸦，但是它的根源可以追溯到德国殖民时期的建筑。对称的外立面，陡斜的人字屋顶以及中心窗上的装饰都揭示了这座当代住宅的建筑风格。

英国殖民复兴

这座住宅有着英国早期殖民地风格建筑的特征，如黑白相间的长方形窗和中央前门。百叶窗和宏伟的门廊都暗示着美国人对吸收住宅建筑历史精华的追求。

美国的殖民地风格 • 老石头屋

由雅各布 · 艾格于 1740 年前后在美国弗吉尼亚州里士满设计建造的老石头屋现在是埃德加 · 爱伦 · 坡博物馆。事实上，这座住宅并不属于爱伦 · 坡，而是收藏了他大量的手稿。艾格来自德国，所以这座住宅的设计展示了德国人对厚石墙和小窗的喜爱。在艾格死后，房子归他儿子所有，1911 年前房子都保持原样，后来经过了拆迁。不久，弗吉尼亚古迹保护局接管了房子并于 1921 年宣布，这里成为埃德加 · 爱伦 · 坡博物馆。

一座古老的石头建筑

从街道上看，老石头屋极小，但它其实深藏不露，背面有带围墙的后花园。在阁楼里有很大的空间，收藏了大量的展览品。这些展览品与住宅本身一样每年吸引着成千上万的游客。

花园回廊

花园回廊并不常见，更不要说在 18 世纪的殖民地风格的建筑里，但是老石头屋的后花园却有花园回廊，并且在后花园内，还在一条建有半圆形砖石拱门的小走廊上设了神祠，安置着爱伦 · 坡的半身像。

老虎窗

老石头屋作为典型的德式历史建筑，其人字屋顶上的老虎窗非常实用。因为这样的老虎窗没有荷兰式坡屋顶或者横楣，所以经常出现在英式住宅中。

百叶窗

在 17 世纪以及 18 世纪的各类殖民地风格的建筑中，百叶窗十分常见。因为百叶窗能够阻挡风雨侵袭，从而保护那时候没有玻璃的窗。这些简单的板条百叶窗不仅增加了装饰效果，而且它对房子还起着实实在在的支承作用。

抹灰外墙

灰泥是由石灰、砂子、动物或植物纤维（用来提升强度）以及水混合制成的湿的墙体覆层。把这些成分混合成黏稠的混合物，这样建造者就能用抹子把它抹于墙上。覆层要铲得相当平坦，再经过最终粉刷灰泥就能变干变硬成耐用的外墙覆层。

土坯砌块墙和抹灰外墙覆层在非洲、地中海以及南美洲的很多国家和地区都十分常见。由于黏土砖涂上湿水泥后放在太阳下就能变得坚硬且耐用，所以这种简单的建筑工艺在炎热的地区很流行。如图，建于 16 世纪，位于美国佛罗里达州圣奥古斯丁的冈萨雷斯 · 阿尔瓦雷斯之家是半土坯半木结构的设计。这座曾经的住宅现在已经归属于圣奥古斯丁历史协会，并对外开放，供游客参观。

环绕式阳台

地处美国密苏里州的法国殖民地风格住宅有着环绕式阳台。这种阳台可以为墙体和室内空间提供遮阳功能，而且还是夜晚坐下来纳凉的好去处。住宅是地面柱式结构的，通常是指将柱子直接固定在地上做支承的建筑结构。

瓦屋顶

瓦有许多种样式，但主流的样式是西班牙和法国殖民者们使用的来自他们家乡的成型瓦。这些瓦易于制作、成本低廉，并且可以用当地的材料烧制。

木结构

对于新殖民者来说，木结构加覆层的住宅是他们的第一选择，因为木材便于建造并且到处可见。从小木屋到隔板房，木结构住宅一直是美国住宅建筑设计中不可缺少的一部分。

坚固的石墙

虽然某些新殖民者偏爱木结构建筑，但是德国和英国殖民者却趋于使用厚重的建筑材料。没有什么比石墙更结实了，即使在夏天，几英寸厚的石墙就能让室内保持凉爽，而且几乎不需要日常维护。

从门和窗可以推断出这座住宅的建筑历史，从拱门的形状到住宅外部门的位置等都能作为推断依据，而我们要做的就是了解如何解读这些信息。虽然像小木屋的结构一样很实用，但殖民者们还是会继续选择他们习惯的风格建造住宅。17 和 18 世纪的来自英国的殖民者倾向于采用乔治王时代风格，他们在住宅上对称设计多扇窗，但与此不同，西班牙的殖民者则喜欢设计少量的窗和不对称的住宅布局。

英式奇特建筑

威尔斯 · 索恩住宅地处美国马萨诸塞州，是一座很奇特的建筑，因为它的整体像极了殖民地风格，却同时有着乔治王时代风格，并且框架上又鲜有装饰。大概因为当地没有可用的石材或者砖，所以使用的是非典型的木结构。

装有百叶窗板的住宅

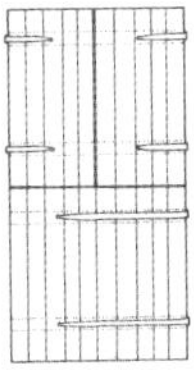

固定板条

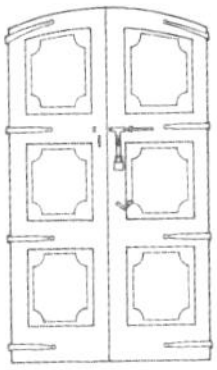

扁平或突起的窗格

百叶窗

无论天气冷热，百叶窗都能为居住者减少天气带来的影响。百叶窗是殖民地风格建筑常用的构件，不同国家的殖民者喜欢不同类型的百叶窗设计。西班牙人喜欢使用固定板条式的百叶窗；荷兰人和英国人喜欢使用扁平或者突起的窗格；法国人则偏爱有百叶窗板的设计，这样在窗边就可以感受到微风徐徐。

证明论点

说到能引人注目的建筑装饰，那一定是门廊、柱廊和山花。比如说，这个三角形山花直接源于古希腊建筑，它所要传达的信息是：“有历史依据的建筑值得认真思索。”但愿，山花和柱廊总能被优雅地呈现，而不是像一些新古典主义建筑中的一样大得出奇。

门的周边

前门的周边不是住宅建造的主要元素。然而，门边的小窗等特征表明了这是乔治王时代风格的建筑，而且我们还可以从中得到关于这座建筑第一代的居住者的线索。

墙上的开口

窗的数量、位置和形状都向我们表明了住宅设计的理念。首先，窗的作用是采光。但是这也伴随着一个两难的问题，即引入更多阳光就意味着需要有更大的窗洞，但这样做会更大程度地受天气变动影响。来自北欧的殖民者就喜欢使用小窗以抵御风寒，而来自西班牙和地中海区域的殖民者则更喜欢大一些的窗。

美国的殖民地风格·装饰

英美混合

瓦里安之家的入口门廊属于乔治王时代风格，其简单光滑的立柱支承着经典的三角墙。在建筑材质方面，这座建筑是木制的，而不是石制的，是属于美式建筑。所以，这座建筑是两种建筑文化结合的产物。

如果一座住宅设计者把必要的结构和空间要素都已经考虑齐备，那么我们就应该考虑在装饰形式上加入一些特色元素了。文艺复兴式风格以及新古典主义的住宅以装饰奢华而闻名，而殖民时期的建筑通常比较简朴，也许是因为初到美洲大陆的新殖民者们囊中羞涩吧。同样，每一组新殖民者们都带着易于辨识的“怪癖”。纽约的瓦里安之家就是乔治王时代风格的殖民建筑。这座建筑有着凸镶板的百叶窗以及门廊。

西班牙式拱券

拱券深受西班牙殖民者的喜爱，并常常运用于窗、门廊、有顶的阳台或走廊的支承等。这些拱券大多是半圆形的，结构牢固、外观精美。设计师的灵感来源于古罗马建筑。

荷兰式拱门

与当时大多数的英式或德式住宅不同，许多荷兰殖民地风格的住宅在前门设计凸出的门廊或者柱廊。一些门廊看起来不起眼，但另一些门廊则有所不同，会经常凸显一些古典主义特征，比如断开的山花和有卷曲花纹的列柱。

法式老虎窗

与高耸的双坡屋顶的德式住宅不同，法国殖民时期的住宅有着平缓的四坡屋顶。为了更好地利用屋顶空间，人们还增设了老虎窗来加强透光性。这些老虎窗使建筑增加了一些特色，从而显现出额外的效果。

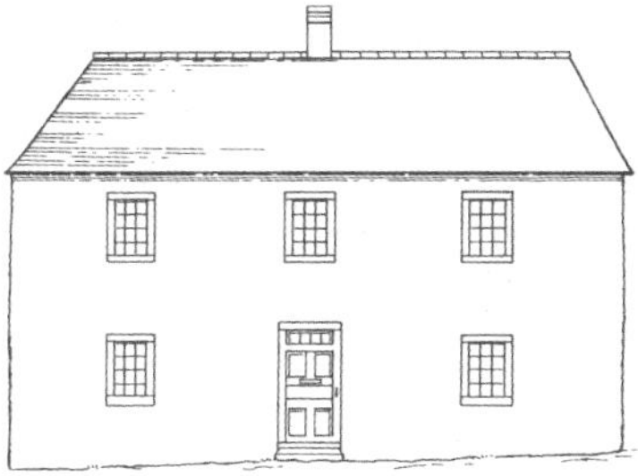

德式隐忍

刻板印象会出现，是因为总有真相隐藏在其中。德国殖民时期建筑也是一样，那时的德式住宅规避一切装饰而采用刻板的风格，比如住宅正面的窗相互对称，平面呈矩形，不带有一丝西班牙式住宅的随意性。

就像外部装饰一样，室内设计是大多数新殖民者最后才考虑的。然而，每一种建筑风格都有自己特定的内部特征，也正是这些特征可以为殖民地风格的建筑类型进行定位。在 17 世纪和 18 世纪，住宅的功能性还是最重要的，其次才是装饰。在那时的住宅里，壁炉是一个家庭的中心，墙和顶棚是见证住宅建造技巧的地方，并且由于空间和资金的限制，家具的摆放也很稀疏。随着时间的推移，住宅外观变得更加华丽，室内设计与装饰才变得更加豪华。

木结构装饰

斯坦利 · 惠特曼住宅地处美国康涅狄格州，建于 18 世纪 20 年代。现在是一座殖民地风格建筑的博物馆，也是从殖民时期至今保存最好的住宅。我们可以在墙壁、顶棚以及暴露在室内的木桩、横梁和木板上清晰地看见木结构。值得注意的是，地板的长度与当时树木原本的长度一样，现在仍能看到这种尺寸的树木。

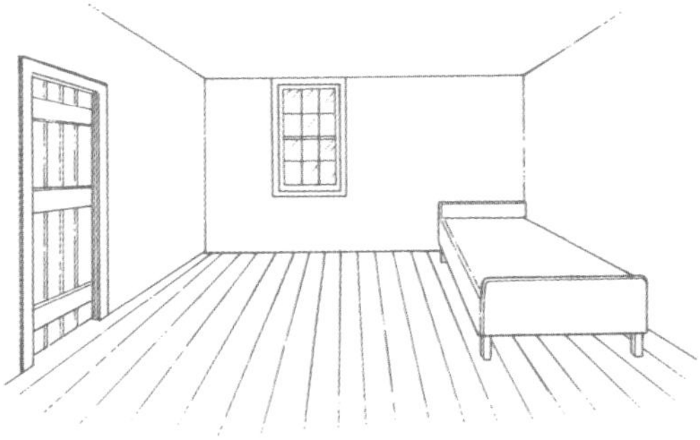

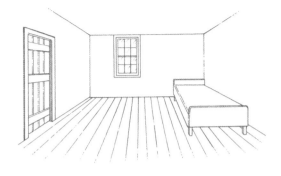

生活必需品

殖民地风格的住宅里家具装饰基本都是一些生活必需品。这就意味着在这座住宅里，只有桌子和椅子，厨房兼客厅区域的厨具架子，再加上楼梯、床、沙发、脸盆置物架等。

壁炉焦点

壁炉是家里的焦点，一方面是因为它是供暖系统，另一方面是因为人们用它做饭。在许多住宅的壁炉内有一个炉灶，它由一个小凹室组成，通常有一个拱顶，可以把面包或者其他食物就直接放进去加热烘烤。

学校教室

这座 17 世纪后期的荷兰式住宅叫作沃莱兹之家，在这个狭小的空间里有一间教室。这是因为沃莱兹既是一名传教士，也是社区学校的教师。在另一座新教堂建成之前，这座住宅还作为教堂使用。

乔治王时代风格 • 简介

简单的对称风格

文艺复兴时期，建筑开始突破以往的束缚。但到乔治王朝时期，建筑设计方面的种种限制又随之而来，即摒弃装饰回归到朴素刻板的形式。窗排成一排，门处于中央，再加上双烟囱的屋顶，就构成了对称风格建筑。

乔治王时代风格的建筑盛行于 1720—1840 年间，因这期间分别由四任乔治国王统治，因此得名。这种风格的建筑是帕拉迪奥式建筑的衍生物，这就意味着乔治王朝时期的建筑师比较注重对称性和比例。此类建筑的特点是在正门的两边设有对称数量的窗。在都铎王朝时期，烟囱位于屋脊线上的中间位置，而在乔治王朝时期，两个烟囱则对称地分布在屋顶的两侧。

乔治王时代风格的典型案例就是图中 1800 年建于英格兰莱斯特郡的斯多克斯顿宅邸。住宅的低缓的四坡屋顶以及 12 框格窗都是乔治王时代风格的标志。就像维多利亚式风格的建筑一样，这些窗从来没有上下一致过，住宅上层的小窗通常是仆人房间的。同样值得注意的是，窗上方的石材横楣与房屋角落的角隅石相匹配。正如所有乔治王朝时期的建筑一样，这些装饰都是内敛且美观的。

乔治王时代风格的建筑从大型农场、别墅发展到了城市住宅。我们可以在英国

的大城市里看见一排排乔治王时代风格的住宅。同时，这种风格也渗透到了受英国影响的一些国家中。

例如，地处美国宾夕法尼亚州费城的艾尔弗兰斯巷是美国最古老的住宅街道。沿着街道，两边成排的小住宅都是乔治王时代风格的建筑的精彩范例。艾尔弗兰斯巷的一边是两层楼建筑，另一边是三层楼建筑，里面住着很多来自不同国家的居民。但房子的风格一直保持不变，比如，整洁的6面板门和12格或15格玻璃窗沿着街道排成线。作为英国人的最爱，百叶窗通常由鲜亮的涂料涂装过的凸镶板与门相匹配。不再像文艺复兴时期一样对建筑过分雕琢，砖结构的住宅采用英式方法进行砌筑，上楣以及一些低楼层的装饰都进行了适当调整。

艾尔弗兰斯巷

艾尔弗兰斯巷是英式建筑转化为美式建筑的写照。这条街道要是位于英国的城市里，则会变得很不起眼。

即使是最典型的建筑原型都可能隐藏着一个秘密，萨尔特伦宅邸的墙体和内部就隐藏了许多秘密。虽然这座建筑现在看起来像乔治王时代风格的，其实它最初是一座都铎式风格的建筑，后来在18世纪中期到19世纪期间，这座住宅不断转手。而如今，萨尔特伦宅邸已经是早期乔治王时代风格的建筑典范。包括罗伯特·亚当在内的很多设计师都修建过这座宅邸，通过这座住宅，他们在慢慢传递外观对称以及不要进行太多文艺复兴式风格装饰的理念。

古代英格兰

在英格兰德文郡普利茅斯的萨尔特伦宅邸现在归属于国家信托基金会，是乔治王时代风格美学的范例。两层大窗户排列在立面上，其上是佣人房的小窗带。同时，屋顶上的山花参考了古希腊建筑。

加拿大的相似性

格兰奇庄园是在加拿大多伦多市中心的一座乔治王时代风格的建筑，是1817年为达西·博尔顿建造的。这也许是模仿了英式富农住宅的建筑特点。在格兰奇庄园曾举办过首届多伦多艺术博物馆展，现在已经成了安大略省美术馆的一部分。

在澳大利亚的影响力

位于澳大利亚悉尼的尤尼佩庄园体现了英式建筑本土化的特点。建筑正面的阳台式是这座庄园与当地建筑结合的重点，从而使得这座建筑发展出能适应澳大利亚南部气候条件的建筑风格。

爱尔兰的宏伟

爱尔兰有相当多的豪华古宅，而科克郡的基尔科曼城堡就是其中之一。从正立面的拱门到成对的烟囱都十分匀称美观。这座住宅是辉煌的巨作，是最好的乔治王时代风格建筑之一。

美式风格

韦斯托弗庄园地处美国弗吉尼亚州詹姆斯河流域，其特色是殖民地风格和乔治王时代风格融合的美式变形。住宅两端成对的烟囱的高度远远大于当时英式住宅的通用高度。此外，装有老虎窗的屋顶是乔治王时代风格的建筑的另一个显著标志。

乔治王时代风格 • 建筑原型

上流社会

位于伦敦的贝尔格雷夫广场同时融合了乔治王时代风格和文艺复兴式风格。越往高层，矩形窗的尺寸就越小，这一点说明该建筑采用了乔治王时代风格，而屋顶上的罗马式柱头和罗马金塔则表明乔治王朝时期的建筑师同样受到文艺复兴式风格的影响。

乔治王时代风格的建筑拥有一种之前的建筑所没有的严谨和刻板调性。因此，它们创造了一个有利于设计并建造排屋的大环境。在 19 世纪初，随着贝尔格雷夫广场的建成，这种建筑风格在伦敦大为盛行。由建筑师约翰·巴塞维设计的 3 幢 11 间排屋和 1 幢 12 间排屋在广场中排成一排。排屋囊括了乔治王时代风格的全部特征和装饰元素，比如用罗马金塔围成女儿墙。如今，这些建筑成了大使馆以及大学城的一部分。

中产阶层住宅

这种中产阶层排屋是英国城市中心的典型建筑。当时极端的乔治王时代风格规避一切不必要的装饰并重点强调建筑的匀称性，但这就是乔治王时代风格建筑的形式以及这种建筑得以持久的原因。

工人住宅

虽然工人的住宅的规模相比排屋要小，但也采用了乔治王时代风格。如右图，这座房屋的左边采用的是多格窗设计，而右边则受维多利亚式风格的影响采用单格窗设计。但两边的门都设计成了相同的半圆形拱门。

澳大利亚式的匀称性

这栋处于澳大利亚新南威尔士州的排屋仿佛来自于英国城市的后街，彰显了殖民时期对建筑风格的影响。这些小房子仅有的浮雕就在屋顶的上楣处，这也证实了那时候的建筑更注重功能性。

乔治王时代风格 · 济慈故居

济慈故居，最初叫作温特沃斯之所，是英国诗人约翰 · 济慈在伦敦的家。这座住宅属于摄政时代风格，即古典的乔治王时代风格的衍生物，发展于乔治三世统治后期。然而，这所住宅并不是为济慈而建，他只是租了不到两年的时间。他的未婚妻布劳恩 · 芬妮在他去世后在这座房子的另外一间大些的房间里住了一段时间。现在，这里是济慈故居博物馆并且对外开放。

邻家居所

济慈故居只是这座大型摄政时代建筑的一小部分。然而，它隐含的屋檐线和突出的烟囱削弱了乔治王时代风格建筑的特征，大型 15 格窗保证了济慈书桌上有充足的阳光。

窗和锻铁阳台

凹陷的扁平拱内的矩形窗是十分有品位的乔治王时代风格的设计。窗前的铸铁阳台则是摄政时期的标志。并且自 1815 年起，像这样的铁制工艺也成为乔治王时代风格的经典特质之一。

扇形窗和匾额

这里的小细节很好地诠释了乔治王时代风格的特征。住宅正门上有扇形窗的建筑也许不多，但这也是乔治王时代风格的一个特征。扇形窗上方是艺术协会颁发的匾额，用来纪念济慈短暂却硕果累累的一生。

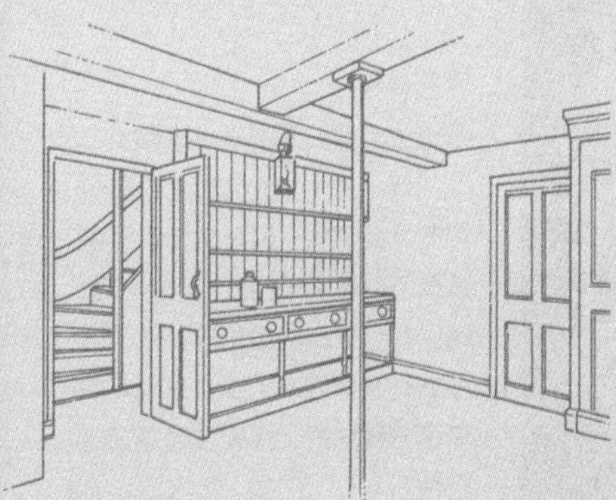

地下室生活

在 19 世纪初，住宅上层的房间都会根据主人的经济实力适当地进行装修，然而，位于地下室里的厨房却没有一丝多余装饰。宽大的台面是用来放置盘子、壶以及平底锅的，此外，壁炉和面包烤箱是仆人的烹饪设备。

乔治王时代风格 • 材料与建造

乔治王时代风格的建筑主要是由石材或砖砌成的，当然，这还取决于房屋的地理位置以及房主的经济状况。此外，还有很多大型住宅是采用白色抹灰进行装饰的。有些美国的乔治王时代风格的建筑是木结构的，但是即使使用木材，人们也喜欢把木制覆层设计得看起来像石材一样。如果一座住宅是由砖和石材构建而成的，那么石材一般用在建筑物的低层，或者用角隅石勾勒建筑角落，又或用石材建造上楣的线条，这样我们就可以根据外观直接划分出砖结构楼层和石结造楼层。屋顶上楣的细节一般是石材雕刻的，并且上楣和额枋重复装饰。乔治王时代风格建筑的屋顶的坡度总是相对较缓，并且大多覆有平瓦或者石板瓦。

砖瓦宫殿

德比住宅地处美国马萨诸塞州，是乔治王时代风格的建筑在美国的经典案例。建筑的外立面铺满砖石，而且窗至少有 24 个窗格。前门上方的山花与外部的两扇老虎窗相匹配，中间那扇老虎窗是曲线形的，体现了建筑师的个性。

最爱的石材

在英国，石材是乔治王朝时期的建筑师最喜爱的建筑材料之一。住宅的设计不是使用裸露的石外墙，就是在石材上覆盖水泥。在美国，建造时虽也使用石材，但是砖更加常用。此外，建造住宅也会使用木材，因为木材比较便宜，且更容易获取。

有品位的粗面砌筑

位于英格兰布里斯托尔的乔治王时代风格的建筑博物馆，详细地说明了英国建筑师是如何用粗面砌筑突出第一层楼的。粗面砌筑的线条给人一种大石块堆砌的感觉，而该建筑并不对其他楼层做粗面装饰，所以与上层的对比营造了一种轻盈的美感。这个特征在乔治王时代风格的建筑中甚至其他风格的建筑中都比较常见。

三层楼

乔治王时代风格的建筑尺寸是不固定的，但是很多住宅都在地下室的基础上建成 3 层楼。住户主要居住在地上的一二层，仆人则通常住在最上层。地下室往往有一间厨房，是进行洗碗等工作的地方。

低坡屋顶

乔治王时代风格的建筑很少使用陡峭的屋顶。因为乔治王时代风格的建筑师们延续着帕拉迪奥的设计理念，讲究比例重于一切，只有低坡的屋顶才不会降低建筑的对称美。

乔治王时代风格 • 门和窗

作为 19 世纪早期的住宅，商人之家是乔治王时代风格建筑的美式化身。这座建筑至今仍保存完好，其正面的不对称，在右边的门，加上成排的窗和半圆拱下的门框都体现了乔治王时代风格的特征。正面有 3 层 12 窗格的窗，而楼顶上的带有老虎窗的房间是仆人住的地方。同时，前门的老虎窗则呈现了欧洲乔治王时代风格的建筑中少见的奢华。

严谨与刻板

梅纳德 · 勒菲弗尔于 1832 年设计并建造了商人之家。当时，维多利亚式风格住宅有许多尺寸和形式的窗，而美式风格的建筑则不同，其 1~3 层的窗都是相同的尺寸和形状的，在最高层楼的窗数量较少。

小玻璃窗

乔治王时代风格的建筑的窗通常有多个小窗格，因为当时制造玻璃的方法是吹一个球状物，然后把它旋转成扁圆形的玻璃。这样制造出的玻璃非常小，就导致与其配套的窗格也不大，所以造玻璃的人会建造一个有很多小开口的框架来放这些玻璃。

带山花的老虎窗

受古典建筑的启发，乔治王时代风格的设计师使用类似山花的元素来装饰他们的建筑。备受青睐的形式是在同一扇老虎窗上加以不同形状的山花，例如两个三角形的在两边，曲线形的老虎窗在中间，这样能确保设计的对称性。

窗洞附近的砖砌细节

乔治王朝时期见证了砖结构建筑的流行，由于砖有着适宜的高度，那时住宅建造的特征之一就是选用这种精巧的材料。无论是弯曲的还是平的拱券，都支承着其上方的墙壁并且拉伸窗，从而强化垂直方向的设计。

门上的扇形窗

扇形窗是大门上方的小窗，它让阳光透进住宅的大厅。在罗马传统思想的影响下，建筑师经常设计半圆形的拱券。扇形窗通常由装饰金属框架分成不同的窗格。

从乔治王朝早期起，建筑师们就已经在伦敦设计并建造排屋。这种建筑在宏大的尺度上重复处理，从而形成了一排又一排整齐划一的建筑，创造了在古典装饰形式下中央建筑的繁华。如今，一些有名的乔治王时代风格的广场仍然存在，格罗夫纳广场就是其中之一。自 1785 年以来，美国大使馆就一直设于此处。在格罗夫纳广场上，最初的建筑有 3 层楼高，下有地下室，上有仆人的房间。但主楼的装饰极少，只有一排壁柱穿过第二层和第三层，下方有拱形的外观。

粗砌外观

在格罗夫纳广场的北边，主要建筑的底层外观都铺上了粗砌的覆层。对石材以及交接处的重视使得住宅在视觉上更加自然。同时，对壁柱的强调也贯穿了整个主建筑外观的设计。

澳大利亚住宅的附加物

1824 年建于澳大利亚悉尼的克利夫兰之家是改良的乔治王时代风格的设计以适应当地气候的范例。虽然阳台不是典型的乔治王时代风格，但它可以用来为住宅遮阳，也是居住者在温暖的夜晚里闲坐的好去处。

古典式风格壁柱

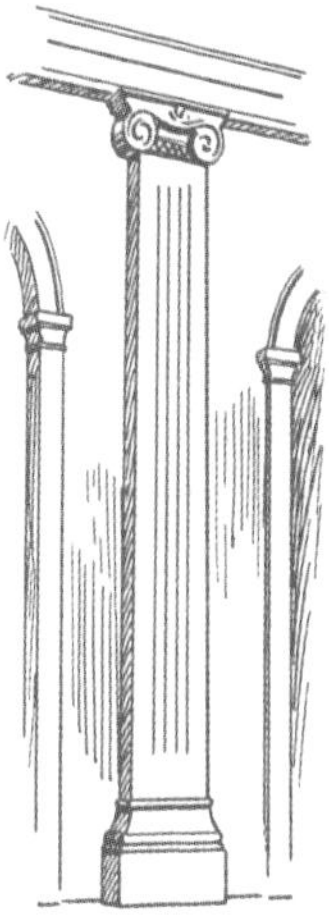

壁柱并非纯粹意义上的列柱，没有支承作用，只是柱头和基底的装饰与一般的列柱相似。乔治王时代风格建筑师通常都是使用壁柱来区别建筑的特定部位。同时，壁柱还能为那些受限的样式普通的建筑增加戏剧效果。

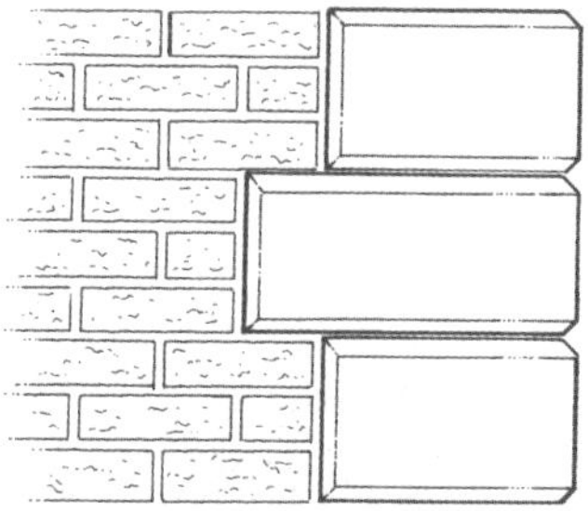

角隅石

规则形状的石材不仅可以用来做装饰，还可以用来加固砖石墙的墙角。通常这些石材或者叫角隅石非常引人注目，所以建筑师把白色的石材和红砖进行搭配使用。这样的设计还特别强化了建筑正立面和窗口的设计。

不寻常之处

每个规则都有例外。如图中的这座乔治王时代风格的住宅，除窗的装饰细节以及正门有扇形窗和四坡屋顶外，我们还可以明显地发现扇形窗在前门上形成了一个壁龛。这样的设计独一无二，但并不能赢得每一位乔治王时代风格建筑的爱好者的喜爱。

乔治王时代的辉煌

乔治王时代风格的建筑博物馆里拥有许多不同装饰风格的房间。房间的重点仍然是围绕一个中心点对称，就像图中的壁炉一样。家具低调精致，衬托着壁炉的装饰。

虽然乔治王时代风格的建筑没有先前的或者接下来的华丽，但这绝不是它的劣势。中高阶层的住宅特征是装饰壁炉，拱形入口以及干脆利落的上楣细节，即用极简装饰就营造了一种庄重的氛围，这在文艺复兴式风格的设计中是较难实现的。另外，还有护墙条，即一种木制的用于装饰高背椅子后面的墙面的线条，用来防止墙壁被椅子摩擦损坏。

内部立柱

借鉴古罗马和古希腊的建筑设计，乔治王时代风格的建筑师和室内设计师在房间的入口处设计建造立柱，作为不同房间的标记。立柱经常与拱门搭配使用以进行装饰，朴素的房子里采用平缓的拱券，奢华的房子采用圆拱券。

装饰壁炉周边

自穴居建筑以来，壁炉一直是房间里的焦点，乔治王时代风格的建筑也不例外。壁炉周边往往是房间里最令人印象深刻的家具元素。用小立柱或壁柱来装饰壁炉比较常见，其设计灵感来源于古希腊神庙。这些小立柱或壁柱的另一个作用就是用支承古典风格的楣构。

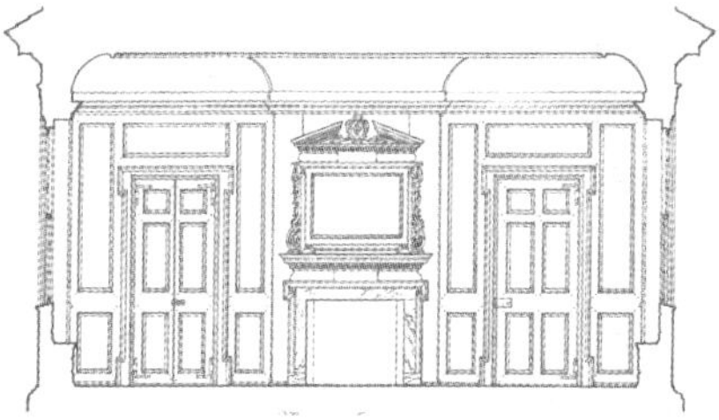

木制墙板

相比城市住宅，木制墙板在乡村住宅中比较常用。木制墙板的高度可以与墙的高度相等，但是人们通常限制其高度，只需要它能保护墙面以防止椅子刮擦即可。低处的墙板一般是正方形的，而高处的一般为矩形。

沉重的上楣细节

装饰性线条是乔治王时代风格设计师最喜欢运用的元素之一，尤其是用来当作顶棚的上楣装饰线条。和其他装饰元素一样，设计师的设计借鉴古典主义建筑的设计理念，所以他们经常采用卷叶纹或者卵锚纹进行装饰。

新古典主义风格·简介

大理石杰作

范德比尔特大理石屋建造在美国罗得岛州的纽波特小镇,其引发了一场建筑热潮。在接下来的半个世纪里,小镇发生了翻天覆地的变化,从殖民时期小木屋转变成豪宅的集群。事实上,整个贝尔维尤大道的古老区域现在都是历史地标。

当乔治王时代风格的建筑在英国仍旧十分流行的时候,一些其他的欧洲国家还在反对其主导的洛可可式风格和巴洛克风格,他们盛行的风格是新古典主义风格或者美国称之为的美式建筑风格。

新古典主义风格的设计规避了巴洛克建筑迷们喜爱的自然雕塑,而是和文艺复兴时期的建筑一样强调结构要素。同时,其与乔治王时代风格的设计相同的是向古罗马和古希腊的古典模式建筑看齐并寻找灵感。

理查德·莫里斯·亨特1892年在美国罗得岛州建造的范德比尔特大理石屋是为铁路大亨威廉·范德比尔特建造的,是美国新古典主义风格的建筑的典型案例之一。这座地标式建筑的外立面是带有凹槽的石制希腊式壁柱,顶部采用科林斯柱头,尽显奢华。支承着壁柱柱的凹槽型柱以及卷叶纹柱头也都属于古希腊式风格。

在英国,富裕家庭建造的一系列宏伟的新古典主义风格的豪宅中,德比郡的凯德尔斯顿庄园就

住宅风格

英格兰德比郡的凯德尔斯顿庄园最初想设计成帕拉迪奥式风格，但完成后却成了新古典主义风格。正如我们所见，奢华的科林斯门廊显示出罗伯特·亚当是在其他建筑师开始动工之后接手完成了这座住宅的建造的。额外的设计并没有减少住宅的宏伟。

是其中之一。该建筑的设计师詹姆斯·潘恩和马修·别廷翰的建筑灵感来自于帕拉迪奥式设计。然而，在他们建造期间，预付金被收回并转给另一位年轻建筑师罗伯特·亚当，当时英国最著名的新古典主义风格建筑师。

亚当延续了詹姆斯·潘恩和马修·别廷翰的设计，并且最大限度地按照最初绘制的图纸进行设计。但是在此基础上，他添加了一些个性因素，比如在建筑北立面添加极具戏剧性的科林斯门廊，在南面罗马凯旋门的基础上建立起封闭式拱门。

建筑的内部设计也同样精彩。从北大门进入，参观者沿着大理石大厅两边的列柱可以一路走到住宅的最南面，这里有一个 19 米高的大厅，上方装有穹顶和玻璃天窗。凯德尔斯顿庄园还点缀着其他的新古典主义风格建筑和桥梁，庄园的内部设计也是由亚当负责的。

新古典主义风格 • 建筑原型

新古典主义风格的建筑师会采用不同的建筑形式建造不同的场所。胡安 · 德 · 维拉纽瓦于 1784 年设计的普林西比住宅是为阿斯图里亚斯王子查尔斯而设的夏宫。这座建筑没有采用大型双层门廊，而是设计了带有装饰着铸铁阳台的单层入口。第一层楼和第二层楼立柱设计的不同尤其值得注意：第一层楼的列柱是托斯卡柱式（我们可以从柱头和上方平坦的中楣辨认出），而第二层楼的曲线形柱是爱奥尼柱式。

欧洲时尚

美国新古典主义风格的建筑通常摒弃浮夸的设计。马德里附近的普林西比住宅就在一定程度上体现了这一点，其上层和厢房的设计奠定了建筑的主要基调。

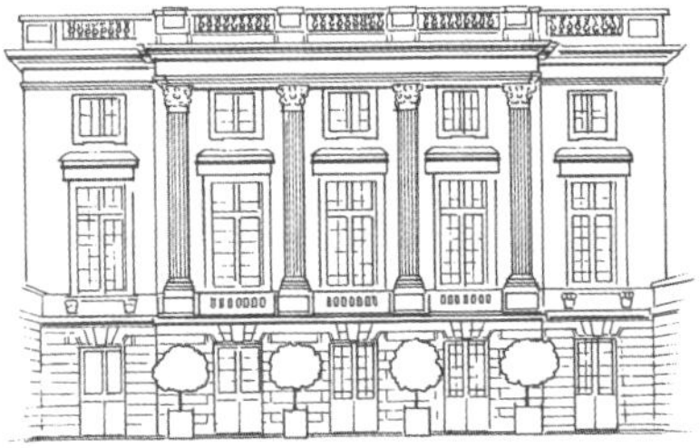

法式约束

小特里阿农宫是由新古典主义风格建筑师昂热－雅克·加布里埃尔设计的，这是位于凡尔赛宫的庭院内的一座小城堡。建筑的平面图是正方形的，而四个立面则根据其前景的不同，设计略有不同。加布里埃尔采用的元素有科林斯柱式列柱、壁柱和带有重型石栏杆的装饰屋顶。

全古典元素

查尔斯·O. 罗宾逊住宅地处美国北卡罗来纳州的伊丽莎白城，是新古典主义风格风行的经典范例。住宅的门廊戏剧性地延伸出一个较低的环绕式阳台，两者都是由多个古典圆柱支承的。带有山花的老虎窗遍布屋顶和上楣上的空间，而且建筑的装饰细节非常错综复杂。

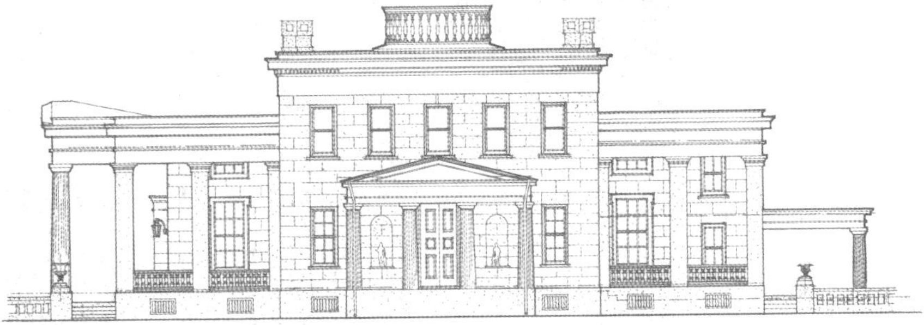

希腊复兴式

模仿了古希腊庙宇，这座建筑正面设有列柱，门廊上有大型简洁的山花。而这样的新古典主义风格的建筑被称为希腊复兴式建筑，在 19 世纪中叶的美国很流行。

新古典主义风格是一种经久不衰的风格，也是一些建筑师们一直在使用的风格。建筑师罗伯特 · 亚当就设计了一座阳光住宅——苏塞克斯地区的环保住宅。住宅是新古典主义风格的。这座住宅的门廊上方是断开的三角形山花，以便在冬天大厅里有些许阳光进入，而在夏天则让住宅处在阴影中。两处顶端带有山花的风塔高高伫立在屋顶上，这样有利于从上部楼层排出浑浊的空气，而从低处引进凉爽的新鲜空气。与古典建筑一样，这座建筑的各方面比例匀称，并且朝南的窗保证了充足的自然光线。

古典环保

如同苏塞克斯的这座房子一样，虽然不常出现，但环境友好型设计和古典建筑的结合是可以实现的。这样的设计并不出人意料，因为古希腊人和古罗马人本没有空调或人工照明工具，所以只能选择被动的照明或者冷却建筑物方式，正如现在的建筑师尝试的一样。

小规模

新古典主义风格的建筑通常是宏伟壮观的，比如宅邸或别墅。但即使是小平房也可以通过托斯卡柱和源于古希腊山花的山墙来展现庄严宏伟的气势。

小暗示

有些人会认为这座住宅是乔治王时代风格的建筑，他们也许是对的，但是每座住宅都不同。正如这座住宅中不同寻常的入口圆柱，以及屋顶线上断开的山花都表明这是一座新古典风格主义建筑。

过犹不及

现代主义建筑师密斯 · 凡 · 德 · 罗提倡“少即是多”的建筑理念，然而这座住宅的设计师则明显没有领会到这个意思。圆柱门廊配上组合柱式，再加上厚重的装饰上楣，这些结构元素完全盖过了住宅本身内敛的设计。

NEOCLASSICAL

新古典主义风格·蒙蒂塞洛

总统之家

杰斐逊首先建造了一座复式建筑，然后在 1796 年拆除上层并采用新的设计方式重建，这就是我们现在看到的这座住宅。杰斐逊负债去世之后，这座住宅被卖给当地的药商，用来种田养蚕，但最终所有的工作都以失败告终。

美国的第三任总统托马斯·杰斐逊为自己建造并改造了一座住宅，取名为蒙蒂塞洛。在帕拉迪奥的设计基础上，杰斐逊根据新古典主义的原则设计了这座住宅。有门廊的立面以列柱和山花为主导，体现了新古典主义建筑风格。整体建筑相对对称，屋顶带有老虎窗，这都展现了建造者对古罗马建筑的喜爱。在一些区域，有拱券的窗和扇形窗都极具表现力。

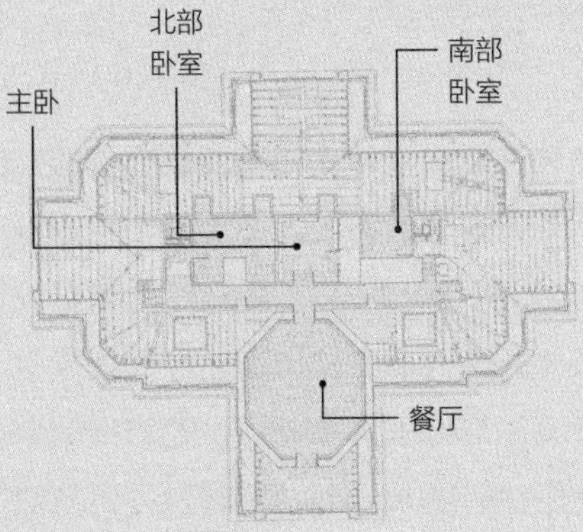

布局规划

虽然这座建筑的平面图不是轴对称的，但是它的总体形式和承重墙的布局都遵守新古典主义风格的对称原则。杰斐逊就是坚守着这个建筑理念从而成功地设计出这座功能性住宅的。

穹顶

蒙蒂塞洛的穹顶是新古典主义风格借鉴古罗马建筑的典型例子。阶梯外部构建和格子顶棚的设计与在古罗马建造的万神庙的构造相似。与从外部看起来的中央大型空间大小不同，蒙蒂塞洛的穹顶房间其实只有一层楼高。

内部上楣

嵌在顶棚边缘的上楣在不同房间呈现着不同的图案。比如在茶室，上楣的设计是三连壁柱和玫瑰花饰的交替重复，这些都是古典主义风格设计的典型特征。

外部上楣和栏杆

在餐厅里，砖墙顶部与斜屋顶相交的地方有相对细长的栏杆，其风格与外部上楣的设计风格相似。这种栏杆与墙壁有间隔，如今还附有金属直立缝装饰。

材质对比

费城的伍德兰兹住宅，将粗糙的石材和门廊里光滑的白色列柱进行对比，突出了新古典主义风格的设计元素。其最后的润饰是带有罗马拱券的窗，再次强化了这种建筑设计的奢华感。

新古典主义风格的住宅往往由石材或砖砌成，前者与旧古典主义风格构造有关，而后者则与土地以及旧世界（旧世界与新世界即哥伦布发现美洲相对应，泛指亚非拉三大洲——译者注）的技术有关。此外，尽管现在的技术更加先进，更加高效节能，但建筑风格往往还是来源于古希腊和古罗马的建筑。一个典型的案例就是关于外部上楣的制作。外部上楣原本由石材雕刻而成，而今天，上楣则由混凝土或其他更轻的材料制作而成，从而使得建造和安装更快速，更简易。

门廊

特别是针对美国的住宅而言，门廊是新古典主义风格住宅的重要组成部分。其他地方的人们也许会忽视这种构造，而在美国，门廊是一种风格设计中至关重要的因素。一些建筑设计还把它发挥到极致，比如巨型的，甚至有时候有些夸张的门廊，这都是新古典主义风格的证据。

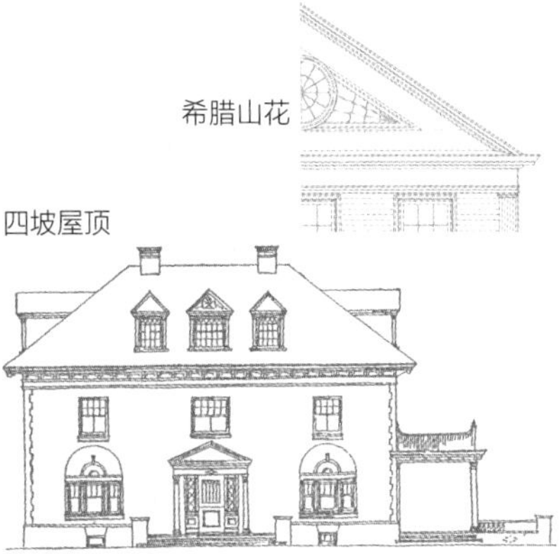

四坡屋顶和希腊式山花

四坡屋顶和希腊式山花的搭配相得益彰，正如新古典主义风格的寺庙的山形屋顶的正立面有山花一样。有的地方省略了山花，那么四坡屋顶则会沿着新古典主义风格建筑的线条均匀建造。

粗面砌筑

粗面砌筑通常用来突出建筑物的特定部分。这也是对古时候用原石建造住宅的肯定。如今粗面石块通常由混凝土浇筑，而不是从采石场采集，因为它们相对匀称且成本较低。

木制扭转

每种风格的标准化设计都有相对应的手法。如图，这座现代化的木覆层住宅建有顶棚，并由细长列柱和三角形山花支承。其构成的形态非常美观，而且这种设计意图显而易见。

毫无疑问，门和窗是所有建筑物的重要组成部分之一。其中，新古典主义风格的建筑的门窗设计最为奢华。原因是这种风格喜欢突出古典图案和大型的结构，如神庙、古罗马或古希腊的公共建筑。这些新古典主义风格的建筑群建造了一种供游客用的入口，游客在感受到这些入口的雄伟的同时也会感到自身的渺小。虽然在规模上要小得多，但如今的新古典主义风格建筑正努力营造出类似的感受。

赏心悦目的门廊

地处加拿大安大略省的尼尔斯庄园，是一座带有新古典主义风格装饰的乔治王时代风格的建筑。建筑的门廊和拱门就是新古典主义风格的证据。在顶棚和希腊式列柱中间的筒形穹顶也不是乔治王时代风格的特征，但是这为外立面增加了一种可爱、奇异的感觉。

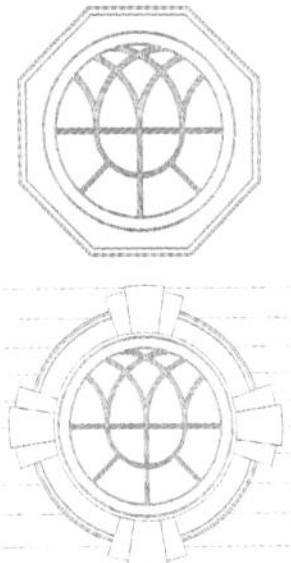

新古典主义风格的饰边

新古典主义风格的窗通常与乔治王时代风格的窗非常相似。但是，新古典主义风格的窗是细长竖框型的，而且通常还包括一些窗口的细节设计，其中，小型山花或半圆形拱券是最常见的。

门前扇形窗

新古典主义风格的住宅大门上方往往设有半椭圆形扇形窗，两边灯照着门的两侧。这些玻璃的框架通常是细长竖框型的，有时也采用曲线形，使之与建筑形式和对称的严谨性形成对比。

带有山花的门廊

即使是很小的住宅也可以是古典主义风格建筑，比如这座建筑的门廊就带有山花。如果处理得当，这种模式可以融合到每座住宅的设计中。然而，如果设计不匹配或被过分强调的时候，盲目地古典化会迅速转变成灾难。

装饰饰边

门框和窗架通常以其饰边的装饰形式为特征。这不是典型特征，而更多的是一种有品位的装饰，通常用于装饰涂漆的木制门框和窗架。当这些装饰与地砖搭配时，其颜色几乎一直是白色的，而与石材搭配时则采用素净色。

形式和比例在新古典主义风格中十分重要，而建筑物的各部分的装饰也极其重要。这种装饰往往远离巴洛克风格和哥特式风格的雕塑和写实的形式，而是采用重复的几何模式或图案，如源于古希腊和古罗马建筑装饰中的卷叶饰。特别值得注意的是上楣，沿着门廊的柱顶（带状和线形）的图案，以及列柱顶端柱头的设计，每一个细节都可能代表了不同的古典柱式。此外，我们还应注意山花中间部分的细节，如中楣就描绘了历史场景。

门廊细节

地处美国马里兰州的玫瑰山庄园以双层门廊为设计特色。这种设计的不寻常之处是两种不同类型的列柱的使用。底层的列柱有着平坦的柱头，是多立克柱式，而高层的曲线形列柱是爱奥尼柱式。

科林斯柱式

爱奥尼柱式

装饰上楣

这种装饰细节体现在新古典主义风格设计的每种元素和工艺中。檐口主要含几个经典图案：回纹饰、卵锚饰、串珠状缘饰、嵌条和金银花饰。

柱头

柱头是指列柱的顶部，虽然他们可以有不同的形状，但是都分属于五种经典柱式，即爱奥尼柱式，组合柱式，多立克柱式，托斯卡柱式和科林斯柱式。在文艺复兴时期，人们重新挖掘了这些柱式，这些柱式至今对建筑界都有很大的影响。

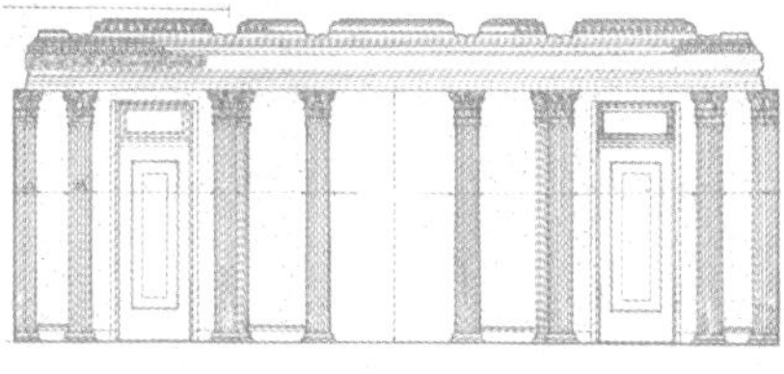

壁柱

壁柱可用来做主墙的装饰列柱，它们不起结构支承作用，但加强了门窗或外立面的趣味性。因此壁柱经常与有实际意义的列柱结合来支承中楣。

带有栏杆的圆屋顶

栏杆被广泛使用在新古典主义风格的住宅中，可以作阳台护栏，或设在低坡屋顶的边缘、观赏窗口前、圆屋顶边界。圆屋顶的形态通常借鉴于古罗马建筑，一般为瓮形。

张扬的装饰

地处美国罗得岛州纽波特的范德比尔特大理石屋的餐厅尤其惹人注目。墙壁上覆盖石膏装饰图案，这些图案构成了内部的装饰框架。还有壁炉边界的壁柱以及抛光的桌子，所有的这些装饰最大程度上成就了这座住宅的富丽堂皇。

正如建筑师受古希腊和古罗马的建筑结构影响，住宅的内部设计也基于这些古老的设计观念。壁柱用处很多，不但可用于门或壁炉周边，还可用作墙壁的镶板以及出口的竖框。上楣受到古典主义风格的深刻影响，同时，壁画和浮雕也描绘着来自远古时代的场景。由于新古典主义风格的室内设计是“高雅设计”，所以可以在著名的历史建筑中见到。

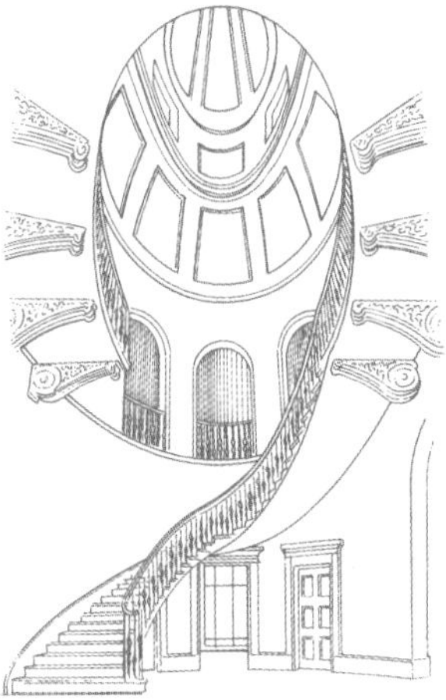

宏伟的楼梯

英国建筑师约翰·维奇在澳大利亚悉尼设计的伊丽莎白海湾宅邸有着极尽奢华的曲线形楼梯，这是摄政时期建筑中有着新古典主义风格倾向的一个典型案例。同样值得注意的是相对地面和拱门的卷轴型支承从顶楼一直往下延伸的设计。

半圆形拱门

新古典主义风格的设计中有两种主要的拱门类型，扁平半椭圆形拱以及更重要的半圆形拱。这个最简单的半圆形拱来自古罗马的建筑，并且经受住了时间的考验。然而，其他复杂的拱门，如哥特式尖拱在它的流行趋势下降后就很少使用了。

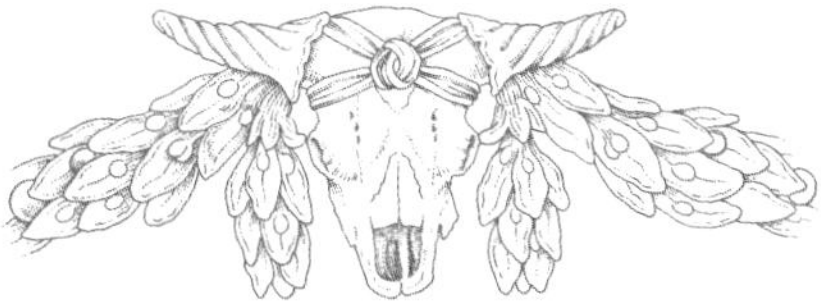

卷轴和牛头

石膏是新古典主义风格住宅中室内装修的主要元素。其形式主要包括涡卷装饰以及一种风格化的牛头图案。

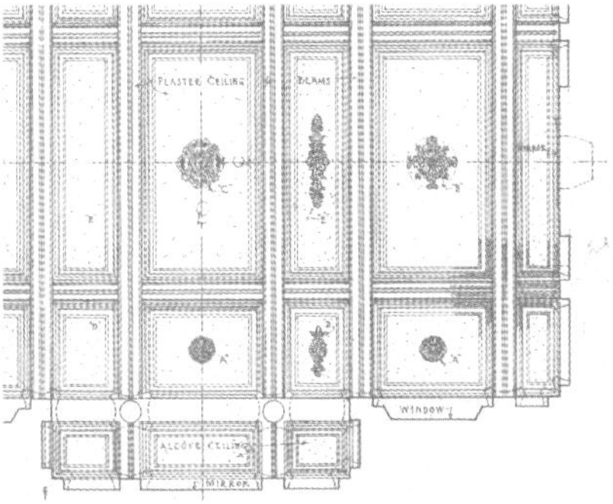

顶棚细节

镶板并不限于墙壁。如图，这种错综复杂的石膏装饰图案运用于镶板的制作，而玫瑰图样则被用于一些镶板的中央。并且镶板的边缘越来越窄。

VICTORIAN

维多利亚式风格・简介

与乔治王时代风格的建筑和爱德华时代风格的建筑一样，维多利亚式风格的建筑不是指一种特定的设计类型，而是一种风格的盛行。在1837~1901年期间，维多利亚女王当政，而维多利亚式风格也因此得名。当然，这段时间期间还有许多附属的类别，如安妮王朝式样，詹姆斯一世风格，意式风格和哥特式风格。同时，与帕拉迪奥式的建筑以及乔治王时代风格的建筑一样，这些风格的共同点是设计的对称性。之后，建筑师开始采用先进的材料技术，比如，在他们的设计中使用钢材。而且开始自由混合和搭配风格，比如结合一些哥特式风格的元素进行设计，如尖券顶或者陡峭的都铎式风格的屋顶。

卡利恩别墅

作为悉尼著名的标志性建筑，卡利恩别墅是有着悠久历史的维多利亚式风格的住宅。除地上的阳台和凸窗阳台风格有所不同外，卡利恩别墅的设计延续着同时期的英式住宅的风格。

19世纪，维多利亚式风格的建筑风靡英国，而澳大利亚也不例外。哈里・肯特于1885年设计的卡利恩别墅是为查尔斯・B. 费尔法克斯建造的历史性建筑。维多利亚式风格的建筑特征是凸窗、坡度为45°的山墙以及铅框玻璃窗、铸铁阳台和红砖墙等。这些元素严格说都属于安妮王朝样式，而在19世纪后期，这种样式在澳大利亚也十分流行。

维多利亚式风格在世界各地迅速蔓延。这种建筑风格适应性强，识别元素多且便于更新，所以任意尺寸和类型的住宅都能融入这种风格。此外，建筑师的建造方式没有受到那些正式风格的限制。所以在人们接触到这种风格之后，维多利亚式风格的住宅就变得更加流行和普遍。

在美国旧金山，我们可以看到建于 19 世纪中后期的数以万计的维多利亚式风格的住宅，这也反映出这种风格的流行度。在英国，建筑师们喜欢使用带有白色石材覆层的红砖，而在旧金山的建筑师们则会彩绘住宅外部。比如在白色的外观上镶嵌填充着三种或者更多种明亮颜色的镶板。人们对此褒贬不一，但无论喜欢与否，这种风格仍然十分流行并且有了“彩绘仕女”的称号。

彩绘仕女

外部的彩绘强调了维多利亚式风格的住宅的奢华细节。关注上楣部分的木结构以及镶板里的装饰色彩，你会发现，这些旧金山的住宅已经变成华而不实的雕塑，时刻回顾着这段住宅建筑史上的欢快时光。

维多利亚式风格 • 建筑原型

英国维多利亚时期

这座住宅包含了三种维多利亚式风格的“典型”特征：红砖、陶瓦和石刻门廊。但是对于大多数维多利亚式风格的住宅来说，“典型”一词很难确定，因为这座住宅在形状、装饰上如此富于变化，但这也是维多利亚式风格的另一个特征。

当美国建筑师设计出木覆层维多利亚式风格的住宅并在外部涂装上亮丽的颜色时，英国的建筑师则乐于采用红棕色砖和陶瓦，其中点缀着一些石头细节。如图，这座住宅是由理查德·诺曼·肖为英国童书插画家凯特·格林纳威设计的。与之前的建筑风格都不同，这座住宅在形式和细节上缺乏对称性，同时住宅的凸窗、大型烟囱和突出的中坡度山墙都说明了这是维多利亚式风格的建筑。

哥特复兴式

维多利亚时期的建筑设计有着各种不同的风格，其中包括哥特复兴式风格。这一时期的住宅特征是极陡峭的人字屋顶，尖拱设计，装饰山花以及圆锥形塔。这种设计不是最奢侈的，却是维多利亚式风格的建筑范例。

英国小屋

这种一层半的农村小屋在英国乡村十分流行，而维多利亚式风格的融入仅仅提高了其古朴之美。在这个特例中，老虎窗、山墙和门廊都饰以木框，而顶层的小凸窗更是新古典主义风格的特征。

英式凸窗式阳台

在英国，典型的维多利亚式风格的住宅永远不会没有凸窗式阳台。如图，在正面加上凸窗式阳台之后，这座建筑就不再是稳重的乔治王时代风格了。凸窗式阳台可以迅速地改变住宅的风格，而且由此我们可以得知这座建筑建于 19 世纪中后期，而不是 20 世纪。

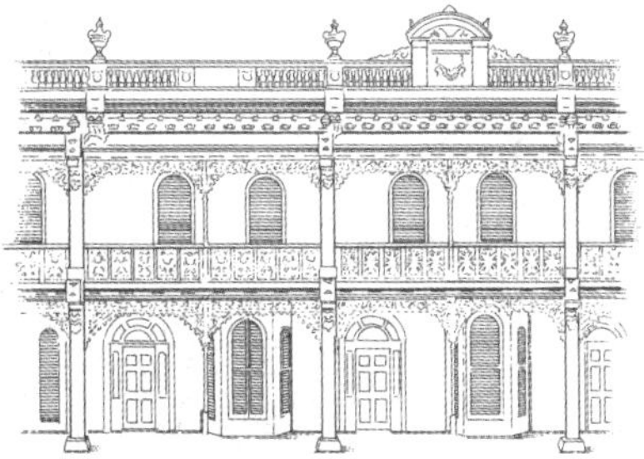

澳大利亚地区的阳台

与英国带凸窗的维多利亚式风格的住宅的阳台不同，澳大利亚南部温暖的气候会影响住宅的设计。这座位于墨尔本的建筑的特征就是带有精美装饰锻铁栏杆的阳台。屋顶栏杆上的瓮和罗马式的窗都属于新古典主义风格。

维多利亚式风格超越了人们对建筑形式和材料运用的刻板观念，把不同的建筑风格和建筑观念结合在一起。然而在持续了一百多年之后，却最终以各种便利的风格大杂烩的形式告终。如图，这座位于美国加利福尼亚州的卡森庄园是木材大亨威廉·卡森的故居，其中的每个装饰元素和特征都进行了夸张处理。值得庆幸的是大多数维多利亚式风格的建筑并不如此招摇。

卡森庄园

如果位处迪士尼乐园，卡森庄园将会是公主的城堡。但事实上，虽然其设计极尽奢华，这座住宅只是在维多利亚时期美国建筑师设计的安妮王朝式样的私人庄园。

意式住宅

也许最正式的维多利亚式风格体现在意式住宅上。追溯到意大利文艺复兴时期，这样的住宅设计在 19 世纪中期风靡美国。而新兴材料金属的大规模生产使之成为此类住宅最广泛使用的设计材料之一。

美式改良

奥林 · 乔丹于 1888 年建造的乔丹小屋采用不对称的维多利亚式风格。住宅建造了多种阳台和遮阳空间，从而适应加州温暖的气候。也许在乔治王时代风格的建筑中，这些设计格格不入，而在这里却非常适合。

南非另类建筑

这座位于南非的维多利亚式风格的住宅占地面积小，建筑低矮，但装饰精美，是当代使用红白配色的典型案例。白色条纹的凸窗加上彩绘石雕，以及哥特式的屋顶都使得这座建筑有别于其他低矮建筑。

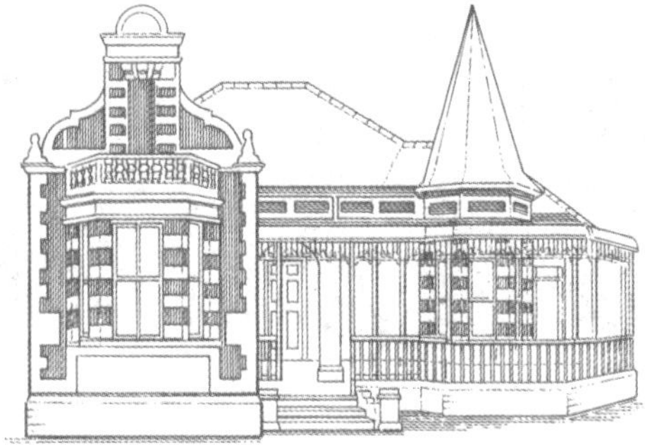

总统的维多利亚式风格住宅

由建筑师莱博和瑞驰设计的萨迦莫尔山住宅不是美国最奢华的维多利亚式风格建筑，却是最适合总统居住的住宅。西奥多·罗斯福总统因其热情洋溢的个性而著名，而这正是这座住宅所表达的主题。1919 年，他逝世于此。

这座豪华的维多利亚式风格的建筑地处纽约长岛，是西奥多·罗斯福总统 1885—1919 年的住宅。萨迦莫尔山住宅现在是国家历史遗址，也是西奥多·罗斯福博物馆的所在地，至今保存完好。这座住宅囊括了维多利亚式风格的建筑的全部特征，如山墙、老虎窗和附有山花的门廊等，但整体设计却没有过于奢华。与大多数维多利亚式风格的建筑相同，其没有受到对称性的约束，所以比同等声望的乔治王时代风格的住宅更加自然舒适。在住宅内部也是如此，由此可以想象，萨迦莫尔山是个宜居的好地方。

南立面的主山墙

萨迦莫尔山住宅南面的巨大山墙主要建有并排的四扇框格窗，而中心两扇之间则安装了中楣。虽然此类元素的装饰与房子的其他部分不相配，但作为大型山墙的焦点，这样最低限度地降低了整体结构的纪念特性。

战利品屋

萨迦莫尔山住宅的战利品屋是一座大型游猎竞技玩家的天堂。维多利亚式风格的建筑的另一个特征是通过拱形顶棚提升房间的重要性，并且由装饰柱和壁柱支承着有大量雕刻的上檐。在这座典型的维多利亚式风格的住宅里满墙绘有水牛头纹或是其他图案，不留一处空白。

图书馆式凸窗

图书馆式凸窗是一种特别宽的中央框格窗，有着精美的铅窗以及弧形边角。虽然这些细节对总统家并不重要，但是木结构的凹槽装饰就是维多利亚式风格的住宅对装饰和细节关注的一大特征。

烟囱

萨迦莫尔山住宅有很多烟囱，这也体现了建筑的面积大小。烟囱是维多利亚式风格的设计师的另一种钟爱的装饰。还有，堆栈的砖结构精致，细节明显但又不过度奢华，这也是这座住宅整体建筑设计的一大特点。

经典形式

位于爱尔兰威克洛郡的蒂娜基利住宅是少有的设计对称的维多利亚式风格的建筑，它的凸窗设计非常符合维多利亚式风格的特征。同时，在19世纪后期的爱尔兰，用石灰泥砌石墙也是维多利亚式风格的建筑的一大特征。

维多利亚式风格的住宅使用许多不同的材料，而由于住宅的设计师和所处地理位置不同，其所采用的形式也不同。然而，正如我们所见，蒂娜基利住宅所用的材料都易于辨认。房子的双凸窗、装饰烟囱和中央大门都很好地展示了这座住宅属于维多利亚式风格。经过十年的建造，实业家罗伯特・哈尔平的蒂娜基利住宅于1883年竣工。这座住宅主要以砖为基础，用石材和石灰泥建造上层建筑。

澳大利亚式阳台

雅路公园里的主建筑是澳大利亚保存最完好的维多利亚式风格住宅之一。在澳大利亚，该住宅的阳台不同寻常。因为在那个时期，澳大利亚建筑师借鉴了英式建筑风格来为处于澳大利亚南部气候炎热地区的居民提供优秀设计。

颜色鲜明的砖墙

维多利亚式风格的建筑有许多装饰特征，而其中最引人注目的装饰特征就是采用颜色鲜明的材料来建造住宅主体。无论是用不同类型的砖还是漆成白色的浅色石头搭配红砖，这种鲜明的对比都在彰显维多利亚式风格。

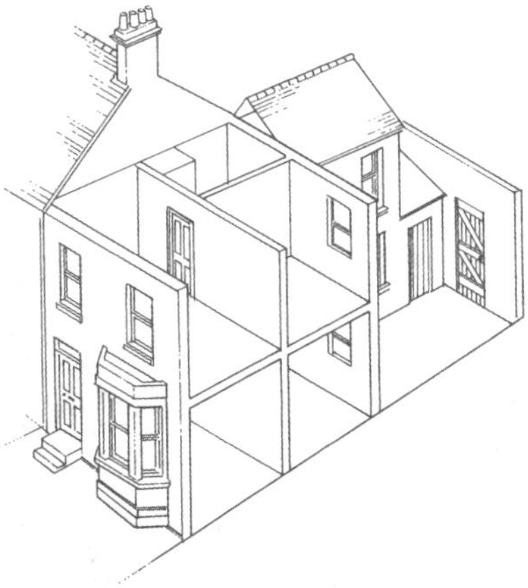

英式阳台设计

英式阳台的设计原型是所谓的“两上两下”的模式，而这种模式是相对于住宅的主屋而言的。通常情况下，在住宅的后部，另一间卧室和盥洗室延伸到后院，人们就在这里和邻居们分享空间。

奇怪的特征

马克斯门建于维多利亚时期，但却保留着许多来自早期时代的设计特征。例如，小型玻璃窗的使用就更类似于乔治王时代风格的设计，因为维多利亚式风格建筑大多使用大型玻璃窗，并且每扇窗都采用极简的装饰元素。

前文已经提过维多利亚时期的建筑师们对凸窗的喜爱程度，凸窗也正是维多利亚式风格的建筑的一个标志性元素。然而，还有一些能够体现一座建筑风格传承的细微之处也值得我们细细品味。比如由英国小说家托马斯·哈代设计以及他的兄弟建造的马克斯门，就有一些不寻常的特征。其没有凸窗，但是住宅入口门廊的尖拱以及四坡屋顶的塔楼和大型山墙都是很好的维多利亚式风格的特征。

凸窗和栏杆

作为一座意式建筑，这座位处澳大利亚的住宅却有着维多利亚式风格的大凸窗（其上有栏杆）。其中，窗间的雕刻支柱增加了设计的戏剧性，也使得这座住宅成了一座展示维多利亚时期建筑技巧的案例。

华丽的门廊细节

为什么在一条普通的门廊里，装饰性上楣还配有滚轮型小型凸窗？门廊顶部错综复杂的设计在 19 世纪中后期的其他建筑风格的住宅并不常见，但是这种装饰风格在维多利亚式风格的建筑中却很普遍。

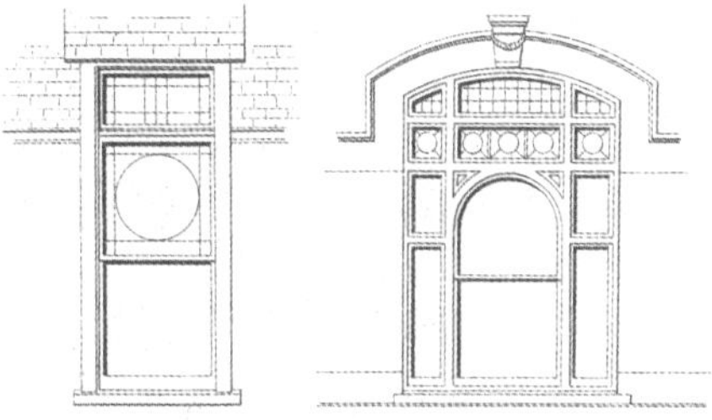

框格窗及饰边

维多利亚时期的设计师喜欢在框格窗中使用大型玻璃，但还不包括窗上端装饰的小玻璃框格。通常情况下，顶部的框格以铅制窗玻璃设计为主，其中大多数窗玻璃是五颜六色的。

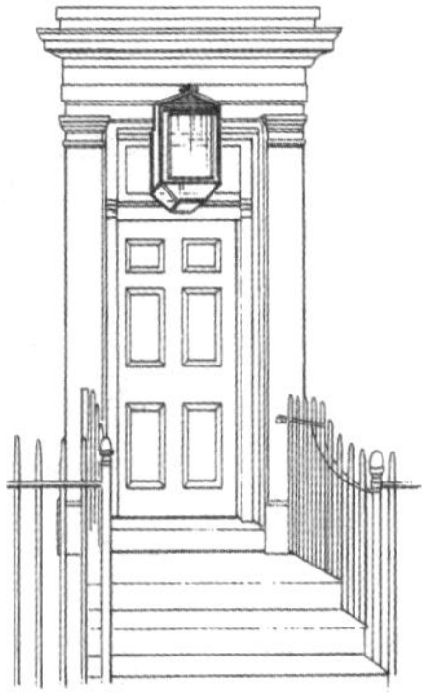

门前灯饰

可以盛放蜡烛或者燃油灯芯的玻璃灯通常放置在维多利亚式风格住宅的前门上。在这座位于伦敦切尔西的凯雷之家里，灯饰的设计不仅简单实用，还很好地照亮了下面的台阶。

维多利亚式风格 • 装饰

维多利亚式风格的建筑是对以前古板建筑的反叛。与以前使用对称设计和极简装饰的原则不同，维多利亚时期的建筑师过于强调装饰的样式，并使用着不同寻常的风格。他们在女儿墙上建造雕塑，使用鲜明的颜色和奇异的形式。在维多利亚时期，安东尼 · 高迪有着丰富的建筑设计经验，并且拥有自己的建筑风格。他那不寻常的曲线形设计和尖顶设计都是维多利亚式风格的里程碑。他在西班牙巴塞罗那设计的公寓楼米拉之家虽然风格不同，但其传统的凸窗和高烟囱都是维多利亚式风格的标志性特征。

维多利亚式风格建筑特例

安东尼 · 高迪设计的位于西班牙巴塞罗那的米拉之家是一座独特的建筑，其囊括了先前的各类建筑风格。虽然这个建筑不能归于单一风格，但是这也体现了维多利亚时期的建筑设计师的激情，反映了当时最好的创意。

澳大利亚花丝工艺

澳大利亚维多利亚州的艾圣顿区，有一座阳台前置的住宅，这正是维多利亚时期的建筑师们喜爱的花丝工艺的典型案例。另外，错综复杂的铸铁栏杆及阳台框架与上楣和老虎窗的装饰相互呼应。

姜饼装饰

姜饼装饰长期被用来描绘屋檐或阳台上美观的细节。与澳大利亚花丝工艺相似，美国的这个版本常常用木材建造并融合各种工艺，有些甚至是哥特式设计风格的。

圆塔

还有什么比从住宅角落延伸出的塔楼更显豪华，甚至更怪诞呢？这不但增加了住宅的空间，还吸引着人们的注意力。同时，这也是受哥特式设计风格影响的维多利亚时期的建筑师们最喜爱的圆塔建筑。

维多利亚式风格

这座建筑拥有类似哥特式设计风格的陡峭山墙，还装有凸窗，且窗口有平坦的基石，也就是窗横楣。这些元素都表明这座建筑属于维多利亚式风格。

维多利亚式风格的住宅有着奢华的外观以及内部设计。其木制工艺十分细致，包括门框和踢脚板的装饰都具有各种复杂的轮廓。窗上装有彩色玻璃，而门则使用凸起或嵌入的镶板。哥特式风格或文艺复兴式风格往往影响着当时的室内设计布局，如带有拱门和上楣的入口或房间都十分华丽。约瑟夫·C. 威尔士于 1846 年设计的位于美国康涅狄格州的罗斯兰小屋内部装饰就十分奢华，如华丽的墙壁和地毯。光线透过窗上的有色玻璃闪耀着的黄色、红色、紫色和蓝色等斑驳的彩色光。

时代的魅力

约瑟夫·C. 威尔士设计的罗斯兰小屋是哥特式风格的，其特征是住宅一般带有有色铅框的尖拱窗。特别是暖房有着大型的哥特式风格的窗，由 5 个尖顶拱门组成，其上装有有色玻璃镶板。直到维多利亚时期，这种风格才取得了令人惊叹的成就。

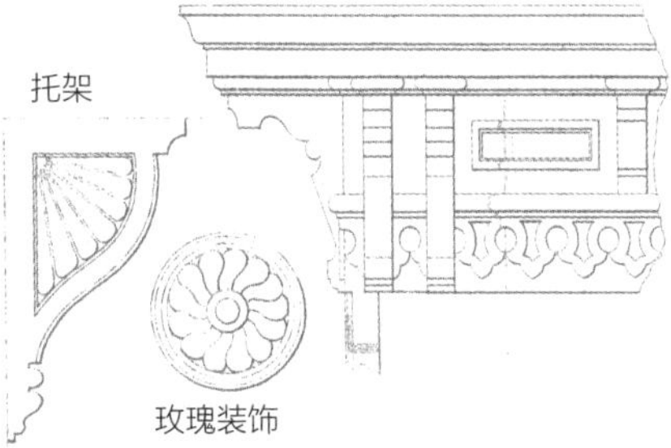

奢华的上楣

以文艺复兴时期的设计风格为参考，维多利亚时期的建筑师和室内设计师往往在墙体和顶棚的交界处添加上楣设计。而这些成型的装饰元素一般尺寸极大，并有着极其丰富的细节。

顶棚上的玫瑰样式

顶棚上的玫瑰图案是确定客厅中心的水晶吊灯位置的最好方法。这些装饰线条由石膏制成，并使用了与上楣相同的制造工艺。这样的装饰往往巨大且奢华，为房间和顶棚安装合适的中央装饰物创造了条件。

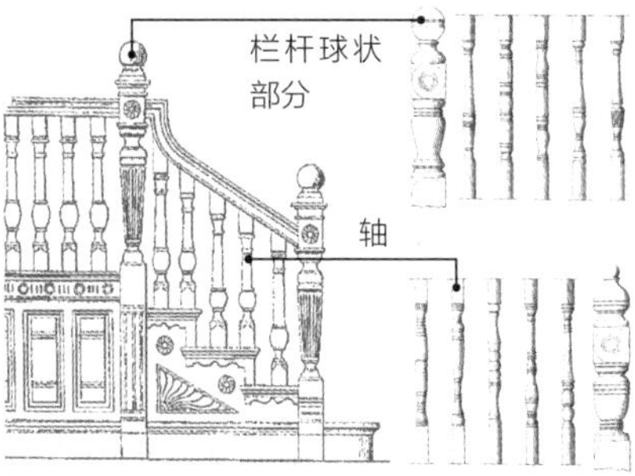

马赛克地板

在英国，陶土瓦经常用于建筑物的外部装饰。而在内部设计方面，马赛克镶嵌砖则通常用来装饰地板和入口大厅。

楼梯轴和旋转栏杆

维多利亚式风格的建筑的楼梯一般安装木制旋转栏杆，其特征是有细长的纺锤形楼梯立柱。受安妮王朝式风格的影响，曲线形的旋转式轴和球状部分比较常用。而安妮王朝式风格正是维多利亚时期的建筑师们使用的最有影响力的建筑风格之一。

在社会工业化发展的同时，工艺美术运动是在装饰艺术和传统工艺的重要性不断降低的背景下而开展的。工艺美术运动的支持者拥护传统且古老的工艺，其中甚至包括中世纪风格的作品和装饰。这种观念流行于 1860 年以及 20 世纪的最初十年。

这场运动发源于英国，然后迅速地传播到了欧洲北部和美国。其先驱是艺术家及作家威廉·莫里斯，之后他的理念被许多建筑师、设计师和艺术家们广为传播。在美国，工艺美术运动通常是针对美国工匠以及单纯的工匠风格而言的，地处美国加州帕萨迪纳的甘布尔住宅就是这样的建筑案例。

工艺美术运动时期的建筑风格只取决于它们的地理位置，因为工匠们倾向于选择最容易获得的材料。相对其他风格来说，材料的选择往往是为了加

工艺美术运动中的美式设计

查尔斯和亨利·格林于 1908 年设计的甘布尔住宅采用传统的木结构，优化了使用的材料和方法。建筑的周围铺地和墙壁由粗琢的当地石材建成，而且每个建筑细节都采用传统的建造工艺。这栋建筑忠诚地拥护着传统建筑建造技术以及工艺。

强地域魅力，而相对工艺美术运动来说，这是这场运动进行的先决条件。所以，同样由工艺美术运动时期的建筑师设计，建在英国的和美国的建筑都是不同的。

爱德华·施罗德于1896年在英格兰德文郡设计的谷仓是英国工艺美术运动时期的一座建筑范例。神奇的是，这座建筑物的承重结构是一堵空心墙，它是利用了砖本身的特性加上红砂岩和沙滩鹅卵石，一同嵌在混凝土中来实现的。精美的纹路搭配原始的茅草屋顶，并在屋顶上建有两个石头材质的圆柱形烟囱，使建筑显得质朴和谐，整体效果非常好。像门窗以及其他结构要素坚固耐用，它们厚实的框架不仅体现了工艺美术运动所倡导的传统理念，还与石墙有质感的外观十分协调。

工艺美术运动，英式设计

英国与美国工艺美术运动时期的建筑作品风格大不相同，尽管如此，这座英国的住宅仍然采用类似的建筑风格。使用当地材料和传统工艺建造石墙和茅草屋顶，再加上美观的非对称性设计让建筑显得十分古朴。

阿迪朗达克风格

没有任何其他的建筑像纽约州的阿迪朗达克屋这样能与大自然以及天然材料和谐共处。在使用当地的原木和石材基础上，建筑师将树枝嵌入金属栏杆，呈现出树叶造型（如图中的挡风板）。就这样，这座可住宿的船屋把粗犷的元素与精雕细琢的结构元素完美融合在一起。

遵循传统是工艺美术运动时期的建筑的一个重要特征。因此，设计师往往借鉴以前的建筑风格，尤其是高层建筑兴起前的建筑风格。其中，18 世纪的建筑设计风格通常与“文艺复兴”相联系。庞大的阿迪朗达克屋的设计师不仅受祖先住宅即早期定居者的小木屋的启发，还从大自然中汲取着灵感。这座庞大的豪宅使用了大量木材，而且木材需在使用前由技术熟练的工匠进行精细的加工。建筑的整体效果既质朴又极其隆重，完美结合了精湛的工艺和含蓄的艺术。

木屋风格

塞缪尔·马科伦从瑞士小屋的设计风格中汲取了灵感，在 1900 年设计了这座位于加拿大的住宅。这座住宅的特点是设有一个挑出的屋顶和正门的大阳台。颜色鲜明的窗框和阳台上结实的栏杆都清晰地表明了这是工艺美术运动时期的建筑遗产。

工艺美术运动时期的风格

这座英国工艺美术运动时期的建筑结合了石材和抹灰泥笆墙进行建造，从中可见其深受 400 多年前的都铎式风格的影响。但是长烟囱相比都铎王朝时期的住宅太过纤细。从图中的住宅中可见，设计师赋予了先进工艺大放异彩的机会，呈现了一名熟练的砖砌工可以实现的壮举。

半木结构

由里德、斯玛特和塔平于 19 世纪后期设计的位于澳大利亚墨尔本的图拉克埃兹尔大厦是受都铎王朝时期的半木结构设计风格启发的良好案例。在当地，人字形红砖屋顶的使用十分罕见。

19 世纪末和 20 世纪初的美国建筑师针对已经消失的华丽装饰和过度设计的维多利亚式风格的住宅创建出一种新的类型：四方设计。工艺美术运动席卷美国，为了顺应潮流，这些大型的、设计简单的住宅在其两个主要楼层的基础上分成 4 个四方形的房间。此外，四坡屋顶通常还包含另外半层楼。其中设计的细节都是极小的，但是建筑工艺精美，结构质量上乘，这个特点标志着这些住宅属于工艺美术运动时期的建筑。

四方设计

这座位于美国威斯康星州的住宅方正的外观告诉我们，其采用了四方形设计理念。工匠风格的木工工艺以及用来支承阳台的粗琢石柱，使得这座住宅成为展示受工艺美术运动影响的建筑如何适应城郊地段的一个很好的案例。

砖建造

位于美国华盛顿特区的爱德华 · 林德 · 莫尔斯工作室是一个不寻常却有趣的案例，它展示了美国工艺美术运动时期的建筑设计是如何超越木材的质朴本质的。我们需要特别注意的结构是前门框架和大型锻造铰链周围的装饰砖墙。

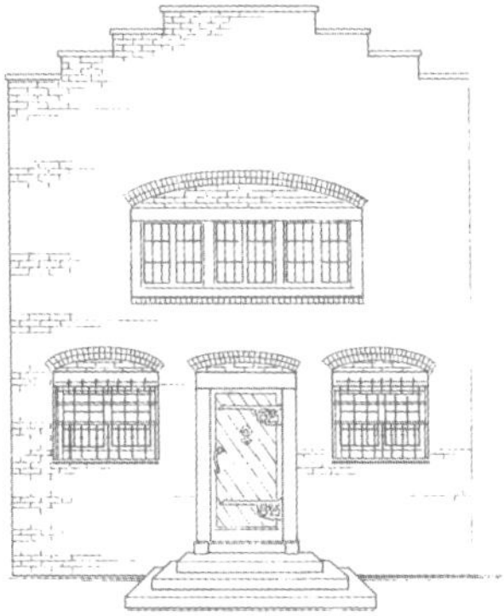

风格组合

地处加拿大哥伦比亚省的威廉 · 麦克米伦住宅建于工艺美术运动时期，其包含着惊人的风格组合。虽然整体的工艺受工艺美术运动影响，但是支承门廊屋顶的列柱却是经典的多立克柱式，而斜面人字屋顶则具有都铎式风格的特征。

石匠风格

在工艺美术运动时期，木材可能是美国的住宅建造中最常见的材料，但是有一些住宅，如地处美国加州的拉米斯屋则不同。如图，房屋的结构框架由大型雨花石搭建而成，并采用多种建造技巧使之竖立起来。这座住宅看起来像西班牙式建筑，它建造的地方也深受南美洲流行趋势的影响。

中世纪建筑特征

红屋有许多中世纪建筑的特征，比如拱形入口和陡峭的人字屋顶。红屋的设计建造技巧高超，就像壁炉旁的题词“吾生也有涯，而知也无涯”，用工艺美术活动的口号来说就是，生命如此短暂，工艺学习之路漫漫。

工艺美术运动之父威廉·莫里斯委托他的朋友菲利普·韦布为他在肯特郡设计一栋住宅。那时候其他大多数住宅都采用抹灰覆层，而红屋则因其外墙全部由红砖砌成而闻名，是工艺美术运动的理念得以发展的一个辉煌案例。红屋采用当地材料，并且融合了多方面的传统工艺，从砖石砌筑到玻璃吹制技术再到内部装饰都彰显了住宅独特的艺术价值。红屋于 2003 年被英国国民信托收购，并持续对外开放，其设计工艺和建造工艺得到了广泛的赞誉。

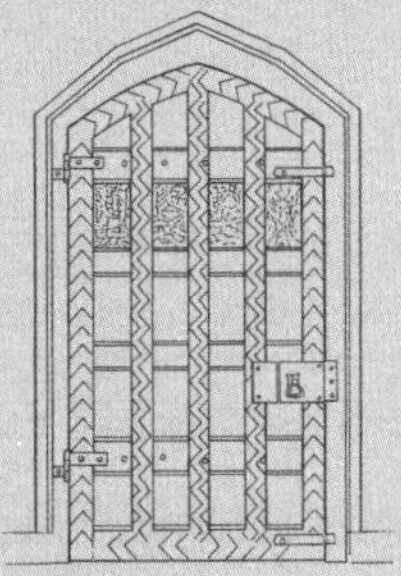

装饰门

这道门具有许多工艺美术运动时期的建筑风格特征。比如，门头有双重弯曲的尖拱，而门本身有多个镶板，需要用手工将锻造好的T形铰链和传统钉子将彩色玻璃窗和彩绘图案固定好。这是工艺美术运动时期的一大力作。

水井

这座花园中的水井既坚固又活泼，佐证了红屋优秀的建造工艺。水井的砖制墙壁，红色的石板瓦屋顶和重型木结构代表了在这个小建筑物使用了三种不同的工艺。

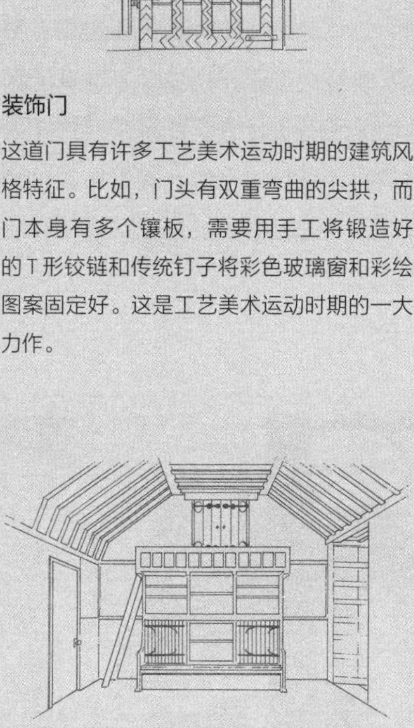

绘图室顶棚

绘图室光线充足，是莫里斯经常活动的地方。其洁白的墙壁与拱形顶棚的深色木质细节形成了鲜明对比。这个设计完全不符合当时流行的维多利亚式风格。相反，这明显倾向于都铎王朝时期的内部装饰风格。

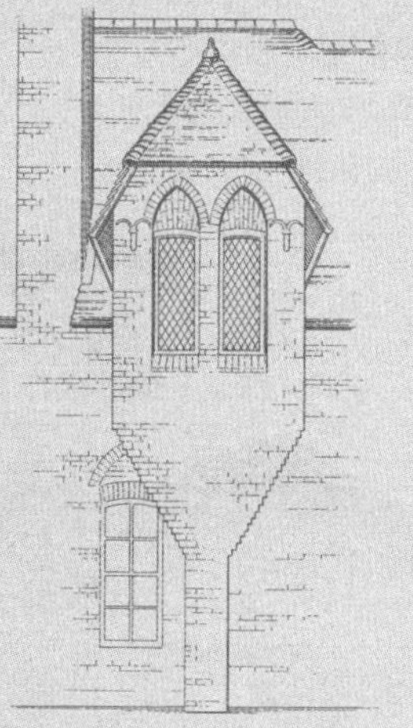

立面细节

红屋中的一些窗是拱形的，其中尖拱代表的是哥特式风格，而其他窗的顶部是正方形的。但这些窗还包括了一些砖石细节，细节中的尖拱反映了窗曾经是功能性和美感兼备的建筑元素之一。

材料和建造风格是工艺美术运动开展的驱动力。材料以及传统工艺的处理方法都是那个时期住宅建造中所追捧的。无论是用木材，石材还是砖建造的住宅，工艺美术运动时期的住宅设计都展现了原始材料建造的工艺。比如，木椽在屋顶边缘突出，砖墙从不覆盖抹灰，甚至是装饰元素都可以显示建筑的建造技巧。工艺美术运动时期的建筑在日益技术化的世界里展示了其忠于传统的一面。

石材和木材

赖尔登宅邸地处美国亚利桑那州，是由迈克尔和赖尔登兄弟于 1904 年为自己建造的住宅。兄弟二人在建造时选用了当地的木材和石材，建成了一座格局凌乱的住宅。至今这座建筑仍被称为工艺美术运动风格的奇葩代表。

木瓦壁板

木瓦是一种未得到充分利用的壁板材料，它们通常被用于屋顶或“工匠之屋”的装饰镶板。而图中的建于1881年位于罗得岛州纽波特的艾萨克·贝尔住宅采用了耐用的木瓦来覆盖外墙的大部分区域。

梁柱结构

得益于其坚固的结构和对当地材料的充分利用，梁柱结构早已在世界各地的建筑圈成为一种传统。这种设计在新建住宅中十分著名，住宅的承重结构被凸显在外，而不是隐藏在灰浆覆层的墙体内。

石材的颂歌

石材可能是世界上最古老的建筑材料之一。图中大大小小的石材，在建造一座工艺美术时期的建筑的过程中起着很大的作用。值得注意的是，此时石匠的工作是把大型石材分解成支柱或烟囱体，还要在住宅的主立面嵌入鹅卵石。

不同寻常的窗

霍恩霍夫别墅地处德国哈根，其不同寻常的原因有很多，但多种多样的窗的设计最引人瞩目。屋顶的眉窗带有不寻常的小型玻璃面板，铸铁栏杆前面建有成排的矩形窗。这些元素结合在一起丰富了建筑神奇的色彩。

当诸如门和窗理所当然地成为更多的新建筑中不可或缺的元素时，手艺高超的木匠们便获得了在工艺美术运动时期展示才华的机会。此时，形式和细节（传统的结合方式和手工装饰品）都备受推崇。另外，门和窗通常有多个拱形头、竖框或镶板，即使是铰链也是特制的，分别由铁匠和金属工匠锻造成充满艺术感的形式，从而匹配悬挂其上的构件。

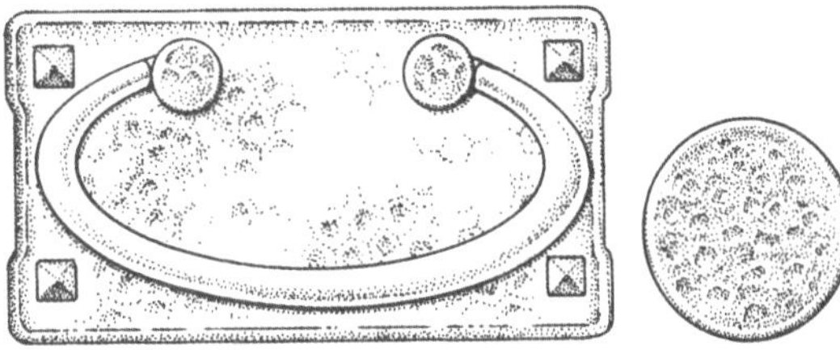

门配件

建筑师们不断地在工艺美术运动中寻找灵感。例如，五金工厂仍然会生产一些有那段时期风格的门配件。上图中的门环和手柄看上去是全新的，但也很可能是 19 世纪末或 20 世纪初的一名铁匠制作而成的。这些都深受工艺美术运动时期设计理念的影响。

有色玻璃

铅窗的制造是十分讲究的，也是工艺美术运动所推崇的工艺之一。熟练的玻璃工使用有色玻璃为门和窗创造了绝妙的镶板图案。著名的案例如图中地处英格兰柴郡的布拉莫尔会堂里的玻璃装饰。

窗细节

地处美国罗得岛州普，由悉尼伯利和埃德蒙·威尔逊设计的百合花工作室，其窗的细节就十分精彩。许多正面的窗参照了都铎式风格，菱形铅窗则是由很多小窗格构成的。同时，上层的三角形凸窗也值得关注。

精品平房

著名建筑师格林设计的位于美国加州的托森住宅是一座精致的平房。受美国的原住民质朴的小木屋的启发，这座住宅采用了低矮的外观设计，并大量使用木材来建造。将含铅玻璃面板与大自然融合的设计理念增强了这座住宅返璞归真的光环。

装饰并不是仅仅基于工艺美术运动支持者主张的纯粹审美立场。这一流派的建筑师以及设计师装饰他们的住宅是为了借鉴传统的具有非凡意义的建筑技艺。这些成果可以在很多现代的住宅中看到。现代住宅往往喜欢隐藏建筑的结构和建筑材料，而工艺美术运动时期的建筑则竭力显露这些，并使其熠熠发光。同样值得特别注意的还有裸露的椽木、粗琢的砌石、带有装饰图案的砖、铁艺门窗以及镶板百叶窗，当然，还有许多其他制作精美的装饰元素。

粗制石墩和列柱

石墩和列柱是工艺美术运动中最受喜爱的建筑元素。石墩通常由粗制的石材构成，与这面澳大利亚式主墙形成鲜明的对比，同时石墩又充当了巨型石窗周边的装饰。列柱受到新古典主义风格的影响，也增强了其奇特的装饰效果。

半木结构镶板

在美国宾夕法尼亚州的这座住宅明显受到都铎式风格的影响。人字屋顶和半木结构的外观细节使得这座两层半高的城市住宅更加美观实用。

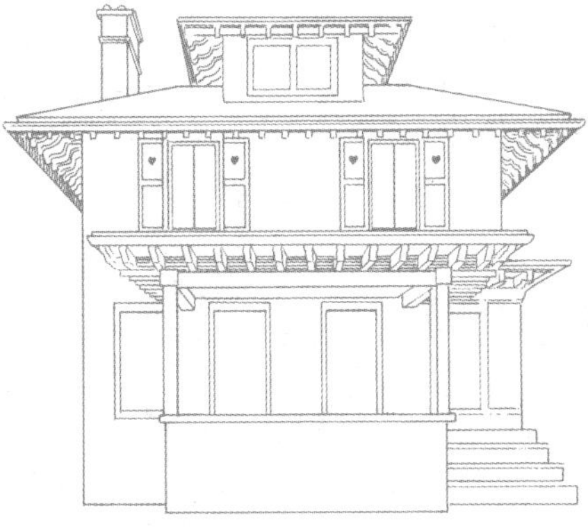

裸露的椽木

这座美国得克萨斯州的住宅采用对比色，展现了悬垂屋檐的椽木裸露细节。这个元素根据住宅的不同风格，或被掩盖或凸显出来。如图，裸露的椽木设计增加了住宅的趣味性和魅力。

一座工艺美术运动时期的建筑其内部结构和外部装饰一样重要。传统的技术也被用来构造住宅的内部元素。木材往往是灵感的源泉，而家具和镶板则通常由手工制作。工艺美术运动之父威廉·莫里斯因其制作的墙纸而闻名，而其设计主要参考中世纪建筑和大自然的场景。另外，这一时期的住宅，除一切装饰因素都要手工精雕细琢直至完美以外，还没有明确的界定要素。

苏格兰建筑大师

地处苏格兰格拉斯哥的山丘小屋，是由设计师查尔斯·雷尼·麦金托什设计而成的。山丘小屋的驰名原因不仅因为它的建筑本身或者艺术性，还因为它独特的室内装饰和家具设计。由于山丘小屋的内部设计风格独特且包罗万象，人们常将其设计师查尔斯·雷尼·麦金托什与美国现代建筑大师弗兰克·劳埃德·赖特进行比较。

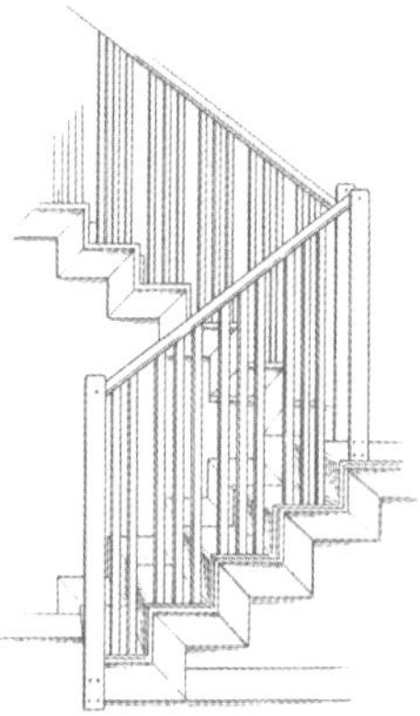

热烈欢迎

甘布尔住宅地处美国加州，是展示专业木工如何对住宅内部进行精心装饰的良好案例。从地板的对角线到低调而精美的成品墙板和装饰顶棚的横梁，再到木材的大量使用，这一切共同营造出温馨而又有个性的氛围。

简单的楼梯

这座简单的楼梯完全采用木制工艺，然后通过强调栏杆底部和楼梯平台中间的楼梯端柱，以及两边的镶板和装饰，将楼梯的构造提升到更高的层次。这就是带有艺术性的木制工艺。

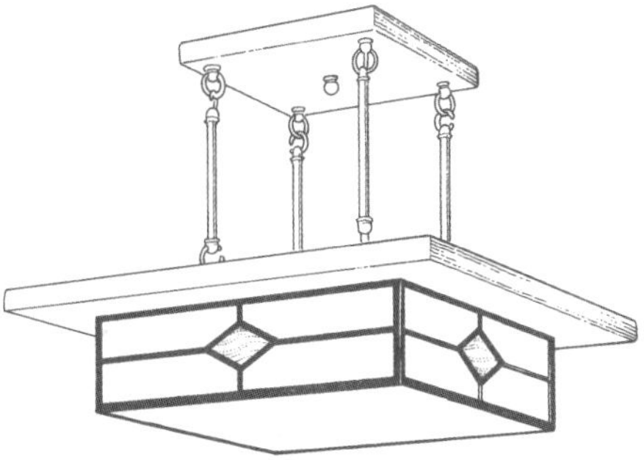

华丽灯饰

这顶吊灯是工艺美术运动的缩影。这种装饰品的制作需要木匠、铁匠和玻璃艺术家的共同合作完成。他们的技术结合在一起造就了一个绝妙的工艺品。

壁炉焦点

怀特岛之屋是摄像师朱莉娅·玛格丽特在英格兰怀特岛的住宅。壁炉周边的顶级木雕设计是这座住宅的焦点。同时，这也展示了在工艺美术运动时期的建筑中，传统木工艺是如何提升建筑之美的。

PRAIRIE

草原式风格·简介

在建筑史上出现了一种有趣的建筑风格——草原式风格，而其拥护者则被称作草原流派或者芝加哥学派。在 19 世纪后期以及 20 世纪初期， 人们大力宣传草原式风格的住宅是与时俱进的建筑类型，而在工艺美术运动中，建筑设计师们则集体反对这种风格。在美国，草原流派的建筑设计师支持工艺美术运动，赞成推行手工工艺并使用天然的材料。然而，他们也反对美国传统的建筑设计师追捧古希腊或古罗马的建筑风格，他们想要创造属于美国人的独一无二的建筑新风格。

当时最知名的建筑公司之一是博塞尔和伊尔姆斯里公司，仅次于弗兰克·劳埃德·赖特的建筑设计公司。该公司设计了许多住宅，其中还包括博塞尔和

新建筑学派

普瑟-卡茨住宅地处美国明尼苏达州，由威廉·格雷赛尔和乔治·格兰特·埃尔姆斯利设计而成。这座住宅囊括了草原式风格的所有特点：平屋顶、条形窗、大挑檐和中央烟囱。住宅内部的布局是开放式的，摒弃了维多利亚式风格的区域化住宅理念。草原流派是一种新的美国建筑学派。

家人的住宅。与维多利亚式风格或者现代主义风格不同，草原式风格并不是引起全球影响的建筑风格。相反，草原式风格是由美国的建筑设计师们为自己的土地和居民能充分利用大草原的优势而发展出的建筑风格。这类风格的住宅一般呈水平分布，突出了中西部大草原的平坦与辽阔的特点。

以弗兰克·劳埃德·赖特的设计理念为主导的草原式风格吸纳了很多他的建筑设计思想，例如，他认为草原式风格住宅应该看起来是从自然环境中生长出来的。在这种原则的基础上，阿尔弗雷德·科德韦尔，这个我们通常忽略的设计大师，进一步设计了许多建筑，其中包括在鹰角公园的凉亭以及他在美国威斯康星州的农舍。这些建筑都采用天然石材，从而创造了美丽、独特的氛围。科德韦尔最初是景观住宅设计师，然而他的天赋不仅是建造住宅，更是将建筑元素融于自然环境中，正如弗兰克·劳埃德·赖特所倡导的理念一样。

草原式风格融合现代主义风格

建筑师阿尔弗雷德·科德韦尔的农舍地处美国威斯康星州，是粗面砌筑石墙和玻璃建筑物的搭配组合典范。这样的组合使得居住者（科德韦尔本人）可以自由地进出。这座建筑就是草原式风格与日益流行的现代主义风格的融合。

草原式风格·建筑原型

"草原式风格"这几个字让人联想到一幅在人迹罕至的空旷土地上建造充满孤寂感的牧场式住宅的景象。事实上，这些住宅往往是专为繁华城市中的有钱人而建的。与许多长期被殖民统治的欧洲的一些城市不同，年轻的美国大都市仍有发展的空间和土地，从而供这些美妙的水平小屋扩展。约翰逊·S.万·贝尔根设计的位于美国伊利诺伊州迪卡尔布的安德鲁·O.安德森住宅就是这样的案例。该建筑有开阔的布局，其四坡屋顶坡度低缓、出檐深远并采用了条形窗和石雕装饰，使之成为草原式风格住宅的典范。

草原式风格建筑

这座住宅是约翰逊·S.万·贝尔根为服装商人安德鲁·O.安德森设计的。草原流派喜欢采用砖砌结构是因为钟爱它美丽的纹理。正如弗兰克·劳埃德·赖特所期望的，住宅的客厅以占据一整面墙的壁炉为焦点。如今，除草原式风格的经典特征外，带有小窗格的一些窗都已经被替换，因为小窗格已经不符合这种建筑风格的要求。

建筑大师理念的继承

建筑师路易斯·沙利文与之后的乔治·伊尔姆斯里共同设计的地处美国威斯康星州麦迪逊市的哈罗德·C. 布拉德利住宅与其他草原式风格住宅的低坡屋顶不同，这座建筑采用从旧到新的风格。由于这座住宅传达着两个建筑师的理念，所以在显现出独特的美式风格的同时还有强大的草原式风格的美感。

风格的融合

乔治·马赫是一位善于用自己的方式建造住宅的建筑师，而地处美国伊利诺伊州的亨利·舒尔茨住宅就完美地诠释了这一点。在这里，马赫结合了英国工艺美术运动时期的建筑美学与草原式风格。住宅高大的体量与前面带有大型飞檐的低坡屋顶相互应，效果无与伦比。

现代草原式风格住宅

如今的现代主义风格的建筑师，尤其是美国的现代主义风格的建筑师，往往受到草原流派的影响。现代主义风格提倡的平屋顶和混凝土结构设计成了带有水平美感的多层设计，这样的理念可以在弗兰克·劳埃德·赖特及其朋友的设计中窥得端倪。

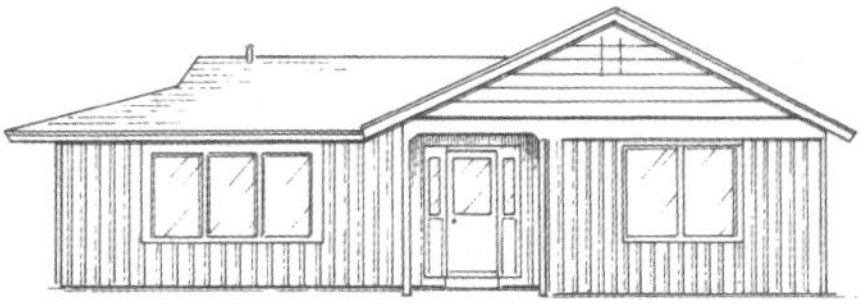

回归牧场式风格住宅

错综复杂而又辉煌的弗兰克·劳埃德·赖特豪宅是草原式风格的住宅的极端表现，抑或是回归牧场式风格的住宅。建设者克里夫·梅就在水平线高度上建造了多幢牧场式风格的住宅，并采用经济适用型住宅的建造方式。

PRAIRIE

草原式风格 • 罗比之家

当草原流派的建筑师重新理解这种风格时，他们开始考虑建筑设计的复杂性和适应性。这方面的思考开拓了全新的设计形式，包括廉价房的潜在解决方案。无论是弗兰克・劳埃德・赖特还是约翰逊・S. 万・贝尔根都十分赞同低价、可以大规模建造的草原式风格住宅，但他们没有想到的是，直到 20 世纪初，各种类型的住宅才得以自然发展。开发商在城镇和郊区建立了大片的此类风格的住宅群，创造了典型的美国郊区模式。

传统的牧场式风格住宅

将草原式风格融入牧场式风格后，美国西部的家庭住宅呈现了水平式的美感因为这些牧场式风格的住宅一般是单层的。这种建筑设计风格逐渐流行于整个美国，即从威斯康星州流行到加利福尼亚州。

现代草原式风格的住宅

如今，美国人仍然留恋着原始的草原式风格的住宅的线条和形式。这座开发商规模化建造的住宅就是美国的同类风格建筑之一。虽然这类建筑借鉴了珀塞尔和伊尔姆斯里以及弗兰克·劳埃德·赖特的建筑理念，但设计师却对外宣称这是美国受工艺美术运动影响而产生的新风格。

澳大利亚的草原式风格的住宅

作为草原流派的一员，马里昂·马奥尼·格里芬是一位来自美国的富有开拓精神的女建筑师。1914 年，她与她的丈夫沃尔特·格里芬搬到澳大利亚定居并设计了这座受美国草原式风格影响的住宅。该住宅采用当地的材料建造，并坚持使用垂直嵌板窗和低坡度屋檐线。

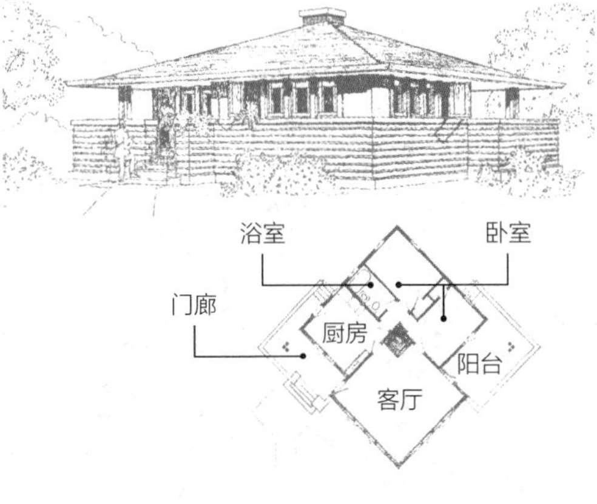

低价的草原式风格的住宅

弗兰克·C. 伍德小屋是约翰逊·S. 万·贝尔根为他叔叔弗兰克设计的两居室平房。这座建筑验证了低成本住宅的想法。从平面图来看，它由两个相交的正方形构成，一个是主要生活空间，而另一个是其他设施。住宅上方覆盖了大型低坡屋顶，同时也可以遮蔽外部的木制平台，从而创造了一个舒适的家。不幸的是，这种设计一直停留在图纸上而没有完全付诸实施。

PRAIRIE 草原式风格·罗比之家

经典设计

用极薄的砖铺满外墙，这样就能够加强这座1910年的建筑的线条感。阳台顶端的石制女儿墙的颜色与砖墙的颜色形成鲜明的对比。这个案例就展示了弗兰克·劳埃德·赖特是如何巧妙运用建筑材料将自己的理念融入住宅的设计中的。

在美国伊利诺伊州的海德公园地区，罗比之家可能是弗兰克·劳埃德·赖特最有名的草原式风格的住宅设计案例。在经历几次拆迁风险后，罗比之家于1963年被指定为美国国家历史名胜，该住宅有着夸张的挑檐和条纹状正墙，且带有三个阳台和条形玻璃墙，这些住宅元素都是草原流派建筑师经过多年努力才使其如此和谐的。赖特没有监督建筑的施工过程，而是委托给他的一名员工马里昂·马奥尼。但是，该住宅的每一个环节，从建筑本身到家具、灯具和餐具，都是由赖特亲自设计的，从而保证最终作品的完整性。

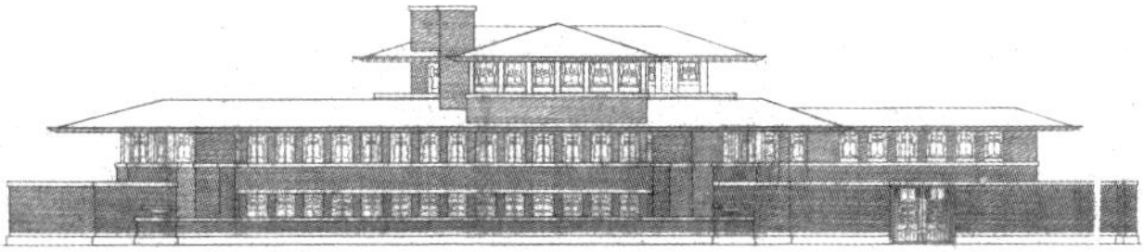

南向立面

直视罗比之家的南向立面，你才能真正体会到设计的线条感。即使建筑有 3 个楼层，在我们看来都像在拥抱地面，而这都要归功于整体外观中较多的水平线条的运用，如阳台石栏、檐线、窗台等。

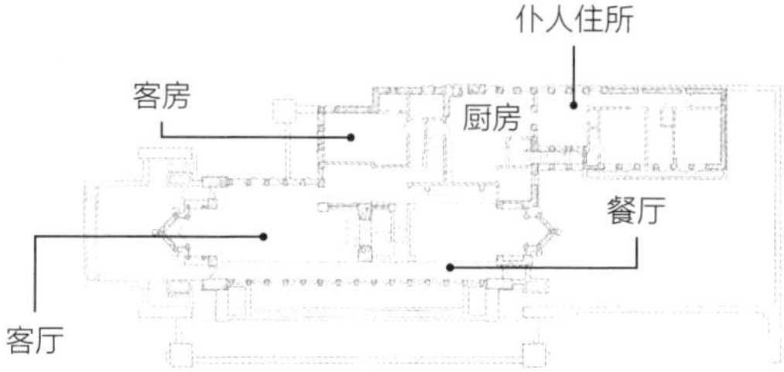

二楼平面图

这种大型的开放式空间在现在十分普遍，然而在 1910 年，这种设计是全新的模式。当然，它与 1910 年或者今天的建筑一样，窗的数量众多。

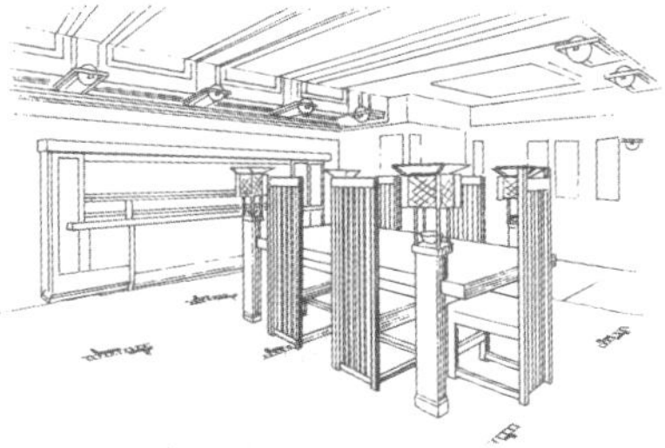

餐厅

建筑师亲自对这座住宅里的每一个元素以及结构进行设计，比如桌椅、地毯的图案、嵌入墙壁的梳妆台和灯具等。然而，很少有建筑师采用这样的方式来完成这种包罗万象的设计，也很少有顾客能适应和认可这种模式。

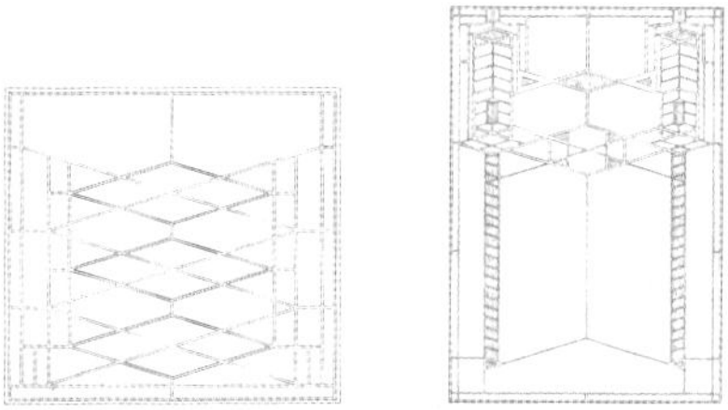

窗的细节

弗兰克 · 劳埃德 · 赖特有时会从大自然中为设计他的“艺术玻璃”窗汲取灵感。在罗比之家里，29 个不同的设计细节就使用了 174 块装饰玻璃镶板。广泛使用有色玻璃的细节为这些设计增加了戏剧性效果。

草原流派类似于工艺美术运动中发展出的设计流派，同样从欧洲传入并传播，这一流派倡导精细工艺，如砖石雕刻等历史性手工工艺。当然，美国人也不反对采用新材料，如钢梁，来创造真正壮观的建筑设计。新旧材料结合则造出更好的效果使得美国建筑形式更加多样化，更加有趣味性。一个很好的案例就是公平巷，即汽车巨头亨利 · 福特在美国密歇根州迪尔伯恩的住宅。这座建筑建于 1909 年，其最初是由弗兰克 · 劳埃德 · 赖特设计的。不过后来，他去欧洲旅游，建筑由马里昂 · 马奥尼 · 格里芬接手完成。但赖特回来后，驳回了她的设计，并增加了许多宏伟、豪华的装饰元素。

大型草原式风格建筑

公平巷是一座大型住宅，大到足以在屋顶上建造一座炮塔。一些附加物对草原式风格来说是不常见的，但是草原式风格的建筑师并不喜欢使用过去的那些装饰图案，所以这幢大楼视觉上没有大量奢华的手工雕琢的痕迹。

砖石结合

根据原始建筑材料的颜色和质地，草原流派的建筑师运用对比的方式来显示一座住宅的设计风格和优势。所以经常看到深色的纹理砖墙搭配光滑的白色石栏杆来覆盖窗台。这种设计通过在表面轮廓上添加白线来突出其线条感。

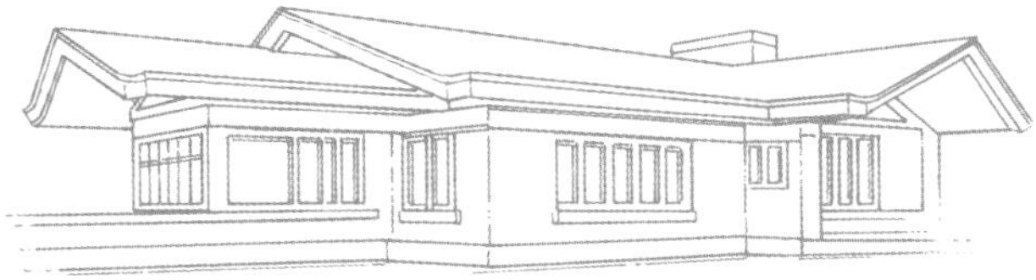

低坡屋顶

都铎式风格的住宅以陡斜的人字屋顶闻名，而草原式风格的住宅几乎都有坡度低缓的四坡屋顶以及出挑深远的飞檐。为了保持美观，上图的住宅采用低矮的设计。为了保证其功能性，又采用大型飞檐来遮挡阳光，从而保持夏季屋内的凉爽。

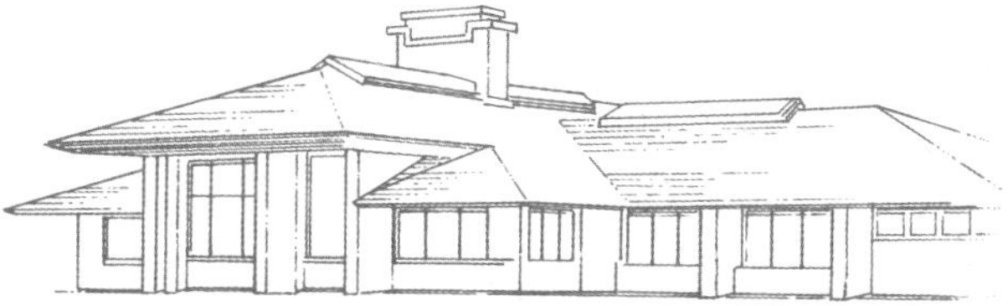

受抑制的烟囱

很多草原式风格的住宅的中央壁炉不仅是具有采暖功能的装饰，还是起居空间的焦点。壁炉的设计相对建筑外观来说十分有趣：烟囱大且坚固，并且总是被设计成矩形，同时，烟囱也是扁平的，从而实现建筑水平延伸感的设计。同时，烟囱也在众多水平线条中增加了垂直线条。

与工艺美术运动时期的建筑师一样，草原流派的建筑师也十分珍爱传统的技术和工艺。然而，他们的设计理念并不是使用崭新的或者创新的方式来重新运用这些技术和工艺。除极少数情况下门窗采用顺应自然的设计外，门窗大都只是住宅设计的装饰构件。草原式风格的建筑师青睐对称的图案以及可以在玻璃制品或加工木材上再制造的形状。这些设计受到日本的艺术和设计风格，以及一些装饰艺术风格的影响，从而与住宅本身的线条性形成了奇妙的对比。

条饰

图中是弗兰克·劳埃德·赖特于 1903 年设计的位于美国芝加哥橡树园的威廉姆·E. 马丁住宅。住宅的窗有许多草原式风格的住宅的特征。建筑外部设计了很多条饰元素，这样可以互应一系列的低坡屋顶来加强建筑的水平线条感。

侧窗

一些位于视线以上的小窗能够让更多的光线进入房间。这些小窗可以在主窗口框架内整合，就像在顶部添加了额外的窗格；还可以各自整合起来，就像图中大门正上方的窗一样。草原流派的建筑师喜欢采用这两种元素搭配的方式，一是为了它们的功能，二是因为他们可以充当额外的装饰元素。

几何玻璃装饰

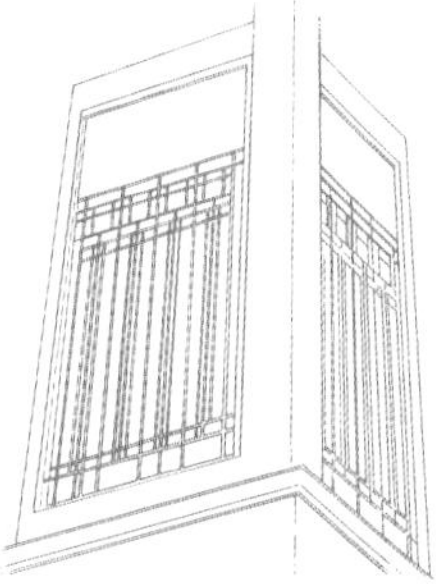

铅窗和彩色玻璃在将艺术融入草原式风格的住宅的过程中发挥了重要作用。草原式风格的建筑师称之为“艺术玻璃”，这种个性化的设计则因其对称性和几何形状深受喜爱。这样的设计具有装饰效果又不太花哨，所以并不与建筑设计精心构思的水平线条相矛盾。

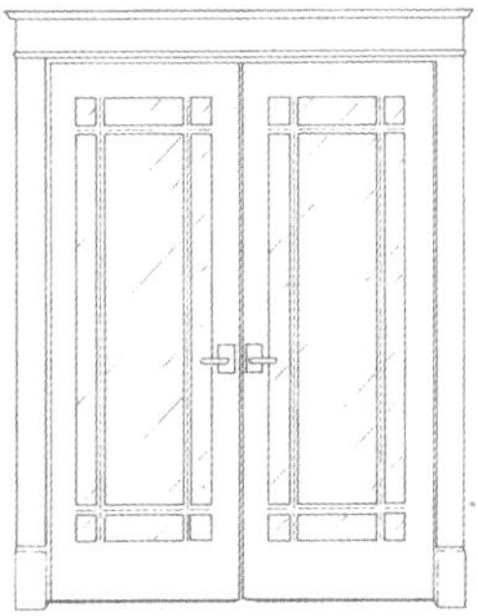

门框内部

在不同的区域，无论是被称为木匠，家具木工或技工，他们都是在草原式风格的住宅建造中十分重要的技术人员。不管是他们制造的家具，还是需要他们进行精心护理的窗框和门框，这些元素共同成就了一座住宅整体的艺术感。

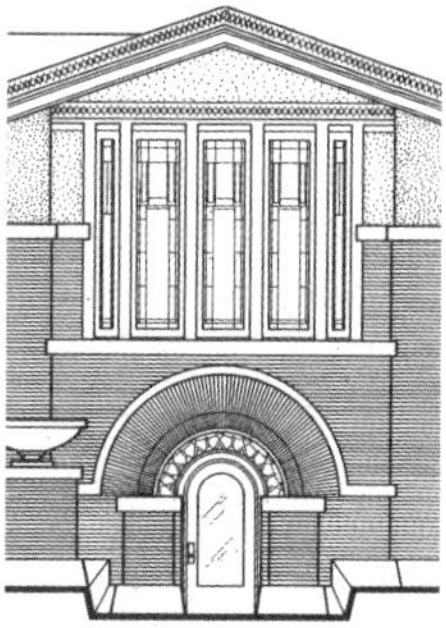

扇形窗

扇形窗是一种特别的建筑元素，被运用于多种建筑类型，尤其是在乔治王时代风格的建筑中，扇形窗被用来为走廊提供额外的采光。同时，扇形窗还让草原流派的建筑师得以在成排的窗上展示他们“艺术玻璃”的设计技巧。这样的设计通常还包括玻璃门板以及有两边和顶部的扇形窗构成的三联雕刻。

草原式风格的装饰元素有很多，但它几乎都遵循着建筑的秩序和对称原则。从门和窗上的“艺术玻璃”到阳台女儿墙两边的雕塑，如瓮或其他个性化装饰，结构的设计总体上看是平衡的。这种规则不但没有扼杀建筑师的设计理念，还使一些建筑装饰元素，无论是二维的还是三维的，都被带入了住宅中。装饰的水平通常由客户的资金投入量决定，但即使是最低调的房子也适当地进行了装饰。图中的案例就是在美国爱荷华州的斯托克曼住宅。

涂漆草原式风格

斯托克曼住宅是弗兰克 · 劳埃德 · 赖特于 1905 年计划建造的一座防火建筑，而如今这里是一座博物馆。这里的设计具有创意的同时兼具最大程度的谨慎和精湛的技术。需要注意的是，在建筑主立面，白色灰泥外层与紫红色的屋檐和长方形面板构成了简单但醒目的配色方案。

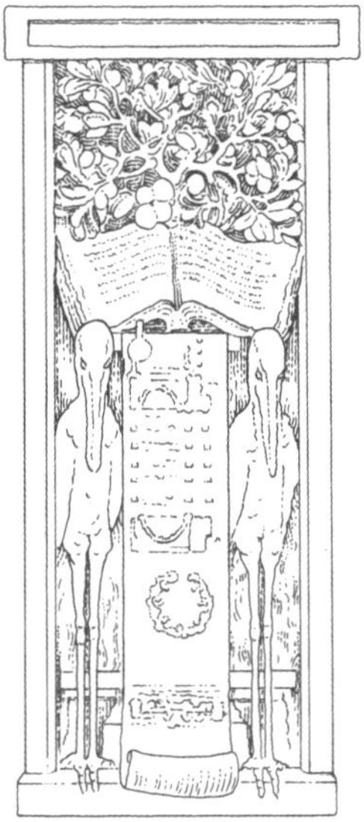

雕刻列柱

弗兰克·劳埃德·赖特原来的家庭住宅在美国芝加哥市的橡树园。他的书房周围装饰着不同寻常的壁柱，是由理查德·W. 伯克为他雕刻而成的。在壁柱上方装饰着中楣，中楣上是一本书和两只鹳的图案，象征着知识与生命力。这样的建筑雕刻也体现了房主的创造性。

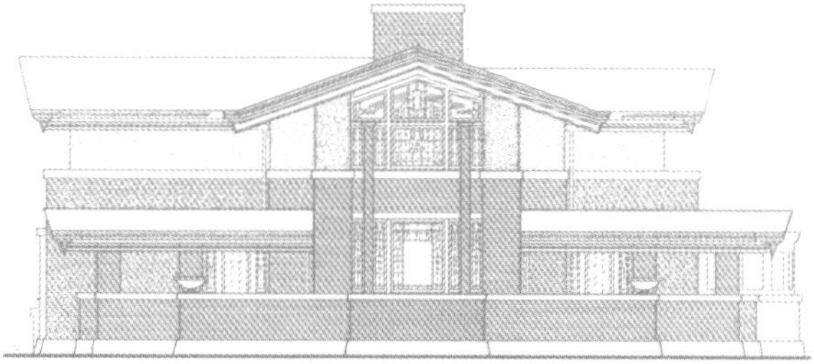

对称阳台

阳台是众多草原式风格的住宅不可或缺的一个组成部分。它能够强调房屋的水平线条，从而创造出额外的室外空间。在这个方面，我们可以把阳台看作一个装饰品，即添加水平效果的结构元素。草原流派的设计师经常采用这种设计建筑模式。

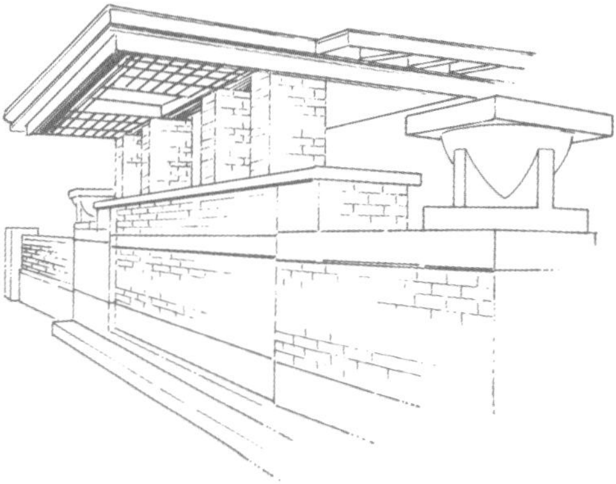

装饰品

草原式风格的住宅最重要的特征是建有低坡度屋顶。像这样的格子屋顶的门廊或在阳台底部墙壁镶嵌石瓮等装饰都比较常见。那些额外的住宅附加建筑会显得比较古怪，这会破坏建筑的整体严谨性。

开放式布局

直到20世纪初，房间通常分为分区式或者独立式两种。如图中位于美国伊利诺伊州威尔梅特的拉尔夫 · 贝克住宅，草原流派的建筑师采用打通建筑内部空间的手法，创造了开放式的布局，使起居室和餐厅的界线变得模糊。

没有其他的建筑风格像草原式风格这样如此重视建筑的内部设计。文艺复兴时期的内部装饰是奢华的，但是它们通常是事后进行或者由单独的设计师接手设计的。以弗兰克 · 劳埃德 · 赖特为首的草原式风格的建筑师，几乎亲自参与设计了建筑内部的方方面面，从壁炉到滤杯，从餐桌到灯具等。最终的室内空间带有令人难以置信的丰满度，效果卓越，但这样的建筑往往缺乏房主通过日积月累给住宅带来的家庭生活常用装备。

宏大的设计

库勒住宅地处美国路易斯安那州，是由马里昂·马奥尼·格里芬和她的丈夫沃尔特·格里芬设计的，这是草原式风格最豪华的室内设计案例。其中两层高室内端墙上充满着装饰窗，而与阳台相连的房间给人一种不是客厅，而是教堂的感觉。

建筑师设计的家具

为了配合草原式风格的住宅中严格的几何图案要求，草原流派的建筑师会自行设计家具。设计风格或是俏皮或是简朴，但大多数家具都采用几何图形，并且由木材和金属打造而成。在休息区，墙壁和窗边缘的装饰都标志着这里是视线的焦点和居住者的活动中心。

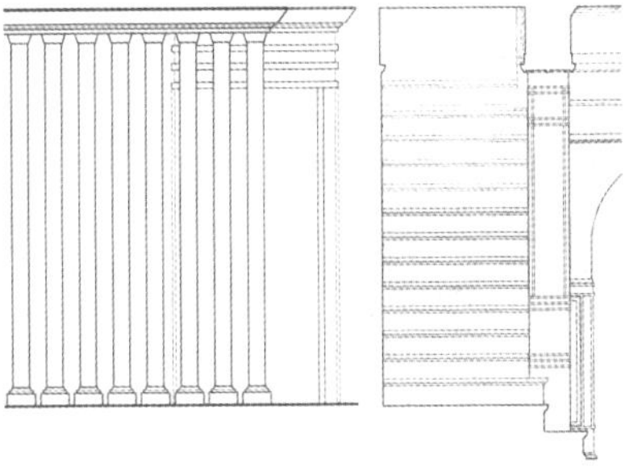

木制楼梯细节

这些精美规划的住宅楼梯也呼应了建筑的整体设计。楼梯柱端整齐的嵌入式镶板和栏杆柱在符合几何设计要求的基础上增加了艺术性。而栏杆本身往往是方形切割的木材或薄的金属制成的。

MODERNIST

现代主义风格·简介

随着 20 世纪初人类社会的迅速发展，现代主义风格的建筑诞生了。随着生活方式的改变，一些欧洲的建筑师们开始采用一些新材料，如平板玻璃、钢铁和水泥等，来建造人们所期望的家庭住宅、工作场所以及休闲场所。

在美国，弗兰克·劳埃德·赖特和其他建筑师也改变着人们对住宅建筑的看法。虽然他设计的罗比之家是草原式风格的建筑，但由于其钢结构和彻底的开放式布局，被当作现代主义风格住宅巨作。当欧洲的建筑师们看到弗兰克·劳埃德·赖特的辉煌之作后，他们就不再采用草原式风格了。相反，他们开始发展一种新的流派，在该流派中，建筑的功能和材料比覆层和装饰更重要。瑞士著名建筑师勒·柯布西耶把自己的设计称为“居住的机器”，这种设计说明了建筑师考虑了住宅的设计新模式，以及如何设计才能更好地服务居住者。

不论是陡斜的还是低缓的坡屋顶都消失了。

新的生活方式

沃尔特·格罗皮乌斯设计的位于德国魏玛市的大师住宅现在是魏玛包豪斯大学的一部分。住宅的白色外观，装有超薄黑色金属框的窗和住宅外观整体的块状设计都遵从着严肃的建筑原则。该建筑也是现代主义风格住宅的基石。

同时在门廊和窗楣上方的山花也不见踪影。由于新古典主义风格的列柱设计喜欢效仿许多以前的建筑流派，所以维多利亚式风格的凸窗也受到相应的限制。而现代主义风格的建筑则是剥离了住宅设计的表象，展示了建筑的本质。与 20 世纪初一样，现代主义风格的建筑师最喜爱的材料就是混凝土。混凝土坚硬且易于施工，如果塑型得当，其表面还可作为外部或者内部的覆层。然而，一些其他的材料如钢铁、玻璃和木材也经常被使用。这些材料的属性不符合草原式风格或者工艺美术运动倡导的审美观，但是更符合一些工业化形象的设计理念，这些建筑的设计和装饰看起来都像机器创建的。

不同的举措

在英国伦敦的一片绿树成荫的大道西北部建有一排不同寻常的住宅，它看起来不像附近任何时期风格的建筑。建于 1938 年的汉普斯特德柳木街 1–3 号，是由厄尔诺 · 戈德菲格尔设计的。从混凝土列柱到细长的矩形窗以及凸出的平屋顶，这些都表明了这曾是富裕的城郊中心。

有些人认为现代主义风格的建筑理念是没有人性且冷酷无情的，还有些人则反对他们的观点，他们喜欢这种建筑中干净的线条以及整洁感。现代主义风格正是当今世界最重要的建筑风格之一。

现代主义风格·建筑原型

通透的形式

路德维格·密斯·凡·德罗于 1951 年设计的地处美国伊利诺伊州的范斯沃斯住宅是如此的简单且通透的。钢柱支承在地板和屋顶之间，而玻璃墙则保护着建筑内部。当然，其中唯一不可见的部分是浴室。这就是提取必要元素后最纯粹的住宅状态。

作为一个大胆的建筑举措，现代主义风格的建筑开始融入了更加科技化的时代，同时催生了一些宏伟的住宅并启发了新的社会住房计划。现代主义风格的建筑同时也促进了现今的一些糟糕的集合住宅的开发，但这是建筑师们重新学习如何设计和建造的代价。现代主义风格的建筑的精华就来自于建筑思想的大熔炉。一些有远见的建筑师如勒·柯布西耶，密斯·凡·德罗，路易斯·康和弗兰克·劳埃德·赖特都研究并重新设计了他们的作品从而体现了现代主义风格的建筑理念的精髓。

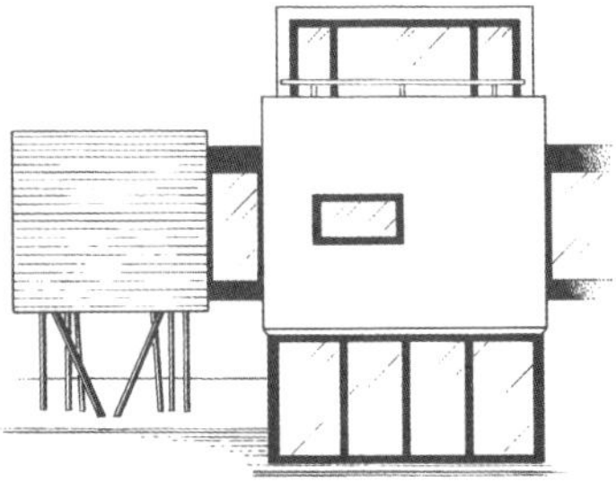

极小的诠释

用混凝土和木材设计成一组盒子，从而堆放出建筑师弗朗西斯科 · J. 德尔科拉尔所谓的“规划空间”。他设计的吊脚屋位于西班牙格拉纳达。这些盒状的美观建筑几乎是德国建筑师沃尔特 · 格罗皮乌斯设计的大师住宅的分解结构。

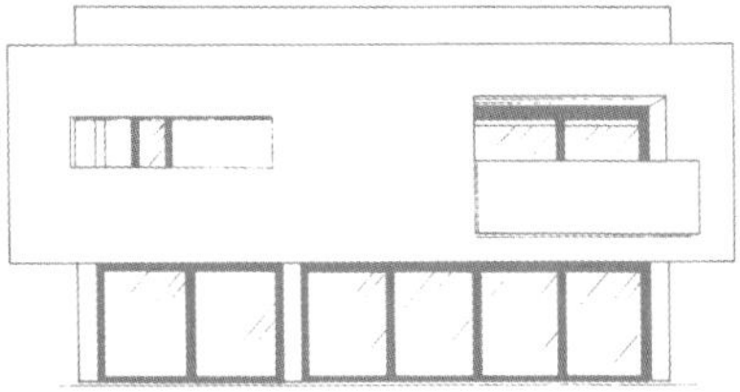

以旧引新

建在希腊科林斯古遗址附近的这座住宅是对萨伏伊别墅的重新诠释。萨伏伊别墅是由勒 · 柯布西耶设计的且在 1930 年建于法国。虽然设计风格有着微妙的区别，但是其中的设计理念都是相同的。这也展示了在 21 世纪现代主义风格建筑的最初设计原则是空间具有流动性和功能性。

流动形式

平滑的线条就构成了集简明和流动性为一体的独木舟之家，这是一座有着混凝土屋顶，玻璃幕墙的单层的充满里约热内卢风情的建筑。这座建筑由巴西现代主义风格创始人奥斯卡 · 尼迈耶设计而成，是集非凡的清晰度与美感于一体的建筑。

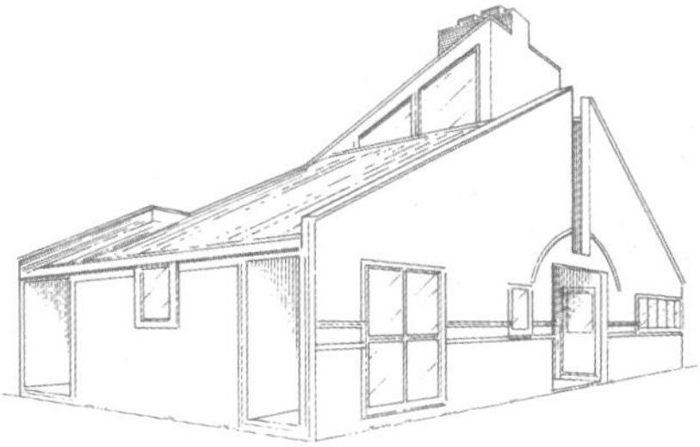

后现代主义建筑

当一些建筑师追随着现代主义风格时，另外一些建筑师则反对着这种风格。母亲住宅建于美国宾夕法尼亚州费城，是罗伯特 · 文丘里为他的母亲设计的。建筑的特点是多坡屋顶，大型断开的山花，还有入口上方的拱门以及外表面的棱纹细节。这就是后现代主义风格的建筑，源自现代主义风格但又反叛现代主义风格。

现代主义风格·建筑原型

“形式服从功能”的说法最早由雕塑家霍雷·肖格里诺提出，由建筑师路易斯·沙利文进行推广，成为现代主义风格的建筑师们遵循的理念之一。这就是说，建筑的形态和形式应该基于它建造的目的。这种建筑一般会避开奇思异想的装饰，而是趋于方正的建筑物外观和内部房间的形状。当然，这还可以从许多方面进行阐释。如今，建筑师们还在继续探索着现代主义理念，所以建筑的形式和风格仍处于变化之中。

简单的形式

由富士山建筑师工作室设计的位于日本静冈县的PLUS别墅鲜明地阐述了简单的形式理念。住宅由两个矩形盒子构成，一个堆叠在另一个上并转成直角。这种简易的对箱设计是不寻常且极有魅力的，同时还满足了住宅的功能要求。

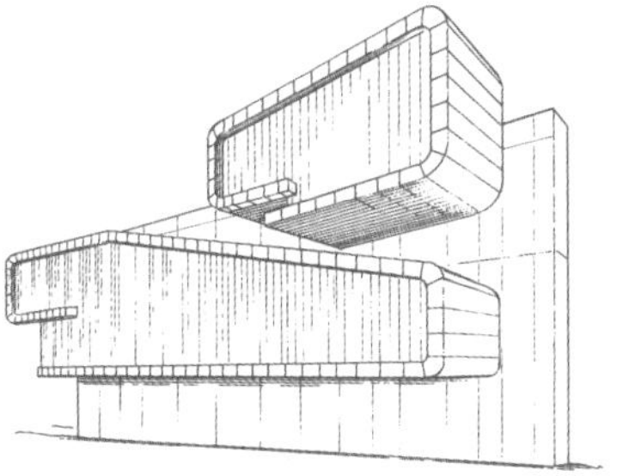

独一无二的设计

随着现代主义风格的不断发展，建筑师尝试着各种建筑形式和材料。贝纳尔特 · 莱昂及其合伙人设计的回形针住宅位于西班牙马德里，外部悬挂着一个巨型混凝土墙脊，其带有半透明墙体的铜箔吊舱里隐藏着可供生活的空间。该项目在现代主义理念的基础上创造了一个新的建筑模式。

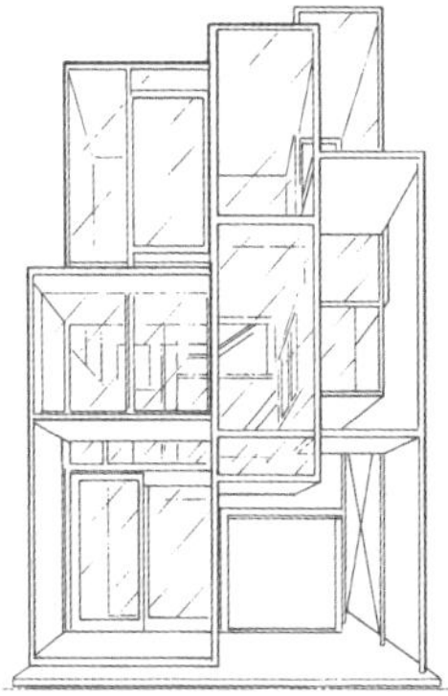

极致的设计

由建筑师藤本壮介设计的 NA 住宅是一项对玻璃和钢结构的探索，把现代主义风格的建筑类型发挥到了极致。这座位于东京的住宅由薄钢板梁构成结构框架，而墙壁则是全玻璃的。你可以观察和欣赏建筑内的每一处细节，见证建筑内的所有房间和功能连接的方式。

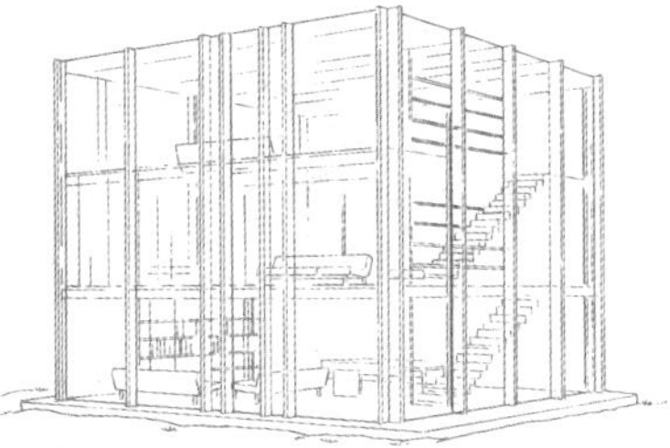

透明度的试验

无论是建造得更大，更小，更加具有装饰性或者完全透明。把建筑的一方面做到极致的想法一直挑战着建筑师们。例如，桑坦布洛吉欧设计的位于意大利米兰的玻璃屋就是完全由玻璃建造而成的。正是因为玻璃技术的进步，全部由玻璃制成的住宅才得以实现。

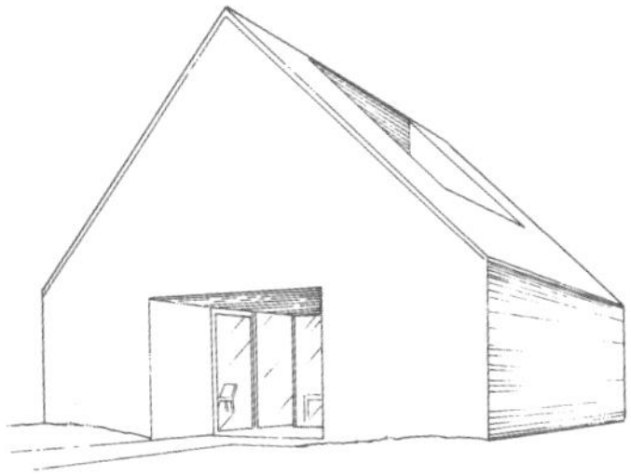

坚固度的试验

白色的坚固外形加上整体建筑形态，都激发了我们对原始住宅的想象。这座住宅建于葡萄牙的莱里亚，是由马特乌斯及其合伙人建造而成。它的形状和外表看起来很熟悉，但是让人意外的是内部的支柱向上对天空开放，向下延伸到地面，营造出了一个明亮的建筑空间。

现代主义风格 · 努特拉之家

密闭空间的研究

理查德 · 努特拉设计了这座住宅。在其许多区域中，居住者都能找到一个相对独立的空间，同时设计师还通过大量使用玻璃来达到加强内部景观效果的目的。因为取景于周边的乡村景色能够使得住宅感觉比实际更大。这种模糊住宅内外部空间界限的方式在现代主义风格的建筑中十分常见。

努特拉之家是理查德 · 努特拉的家庭住宅，位于美国洛杉矶银湖大道。这座住宅是对创造密闭空间内的完美生活区域的探索。努特拉将自然采光、最大视野的风景以及镜子的布置作为创造一座比实际尺寸看上去更大的建筑的关键要素。他说，“我想证明，日益聚居的人们可以住在相对舒适的空间里的同时，能享受宝贵的隐私。”他通过巧妙的设计和现代材料的使用来实现了这一点。

客厅和餐厅

虽然客厅和餐厅的面积相对较小，但是努特拉采用内置家具来节省空间，并采用多窗的设计使得这两个空间达到视觉上的最大化。这样用光线填充空间的设计能使得空间比设有太多实心墙的空间感觉更大。

阁楼平台

这座住宅最高处的阁楼平台建有有反射效果的水池。这个浅水池向四周的景观延伸，模糊了住宅与其周边区域的边界。这种简单的技巧在视觉上拓展了居住者的感知领域，使其远远超出实际的物理边界。

正门

在努特拉之家的入口处，混凝土拱门下设置的玻璃门是不拘于形式的。其中的双层楼高的玻璃幕墙使得住宅中光线充足。努特拉之家在外部采用百叶窗来隔热。

现代主义风格·材料和构建

现代主义风格的建筑师优先考虑的是住宅对居住者生活的影响，而从固态到透明的过渡就考虑了这方面的主要因素。此外，现代主义风格的建筑师还认为，住宅内的各种功能可以通过设计和建造来合理地呈现，同时住宅的建造元素需要和美学设计统一。皮埃尔·柯宁就充分考虑了这些方面，于1959年设计并建造了位于美国洛杉矶的斯塔尔之家。开放式布局以及全通透的设计是现代主义风格建筑的标志，该住宅的各个方面都展示了这一点，如钢架、波纹屋顶和顶棚横梁等。这些都是剥离了其他不必要元素的基础架构，也映射出现今许多现代主义风格的建筑师们仍追寻的理念。

钢结构的崛起

自20世纪初起，钢结构就在现代主义风格的建筑设计中发挥着巨大的作用。一些洛杉矶的住宅将这种材料地使用发挥到一个新的高度。像贝利之家就配备有钢梁柱、压制钢板墙和屋顶等，这使建筑材料更加精简，从而使得建筑可以被快速建造。

对比研究

布拉斯住宅是由阿尔贝托·坎波·巴埃萨设计的。这座住宅是对透明材质和实墙对比的探索。在这座位于西班牙马德里的住宅里，底层的“混凝土盒子”里设置了带有小窗的私人房间，而上方简约的钢结构“玻璃盒”子则可以作为客厅。明亮与灰暗、实体与透明、混凝土与玻璃，这些共同构成了现代主义风格建筑理念的调色板。

木材的大量运用

木材往往容易被现代主义风格的建筑师所忽视，但谭秉荣事务所设计的地处加拿大安大略省佐治亚湾的莫莉小屋是使用当地材料重新诠释了鲜明且易于操作的现代主义风格的范例。谭秉荣自始至终都使用木材建造这座住宅，并且展示了木材的多功能性以及其在恶劣环境中的承受能力。

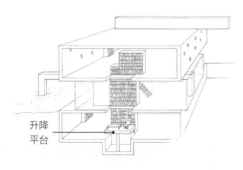

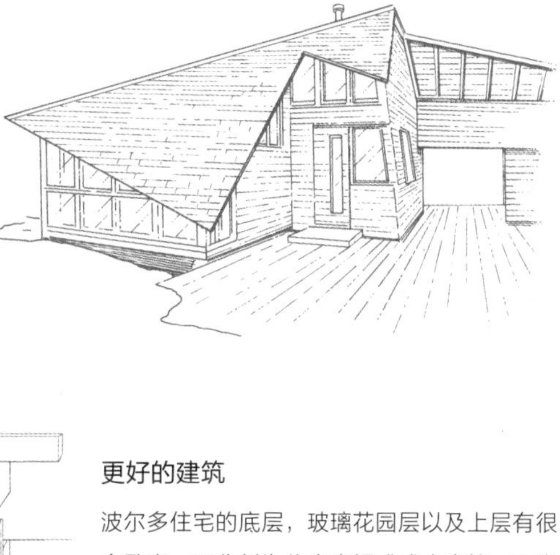

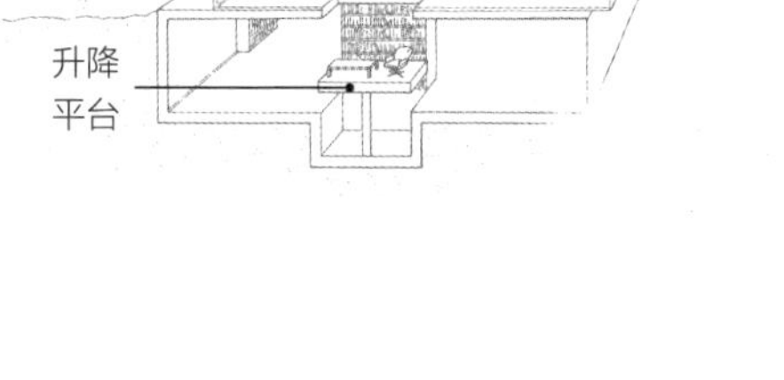

更好的建筑

波尔多住宅的底层，玻璃花园层以及上层有很多卧室，可分割为儿童空间或成人空间，而坐轮椅的居住者也有自己的站台——升降平台。平台的升降移动也不断改变着住宅的结构。

让玻璃成为特色

由现代主义风格的建筑师哈里·塞德勒 20 世纪 50 年代设计的位于澳大利亚悉尼的塞德勒住宅有着几乎全玻璃材质的外立面，是将住宅内部空间向外部景观开放的典型案例。小尺寸的开窗提供通风功能，而大型窗则引进自然光以及外部景观。

虽然一些极端的现代主义风格的住宅是全玻璃建造的，但是通常建筑师会比较谨慎地运用这种风格。比如，门只是进出的通道，窗口则用于增加采光和加强景观性，而此类住宅通常被模糊其内部和外部之间的边界。不同的是，早期的这类建筑超越了这些框架以及其周边构造。建筑师会在墙上反常的位置装上突出的窗，并且通过大面积的玻璃来打开视野，或者用不寻常形状的窗进行框景。

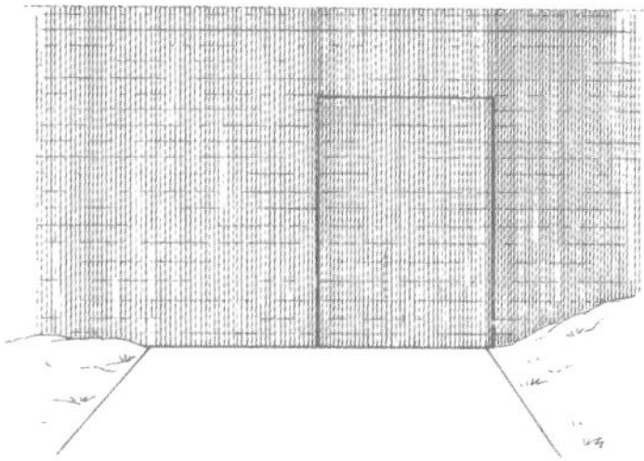

隐藏的入口

肖恩 · 古德赛尔设计的位于澳大利亚墨尔本北部的格林伯住宅通过建筑表皮覆盖立面来暗示入口的存在。如果去除外立面的装饰还原到其最纯粹的形式，可以看到门就隐藏其中。然而进入住宅里面，正立面的全玻璃外墙则展示了开放性的景观。

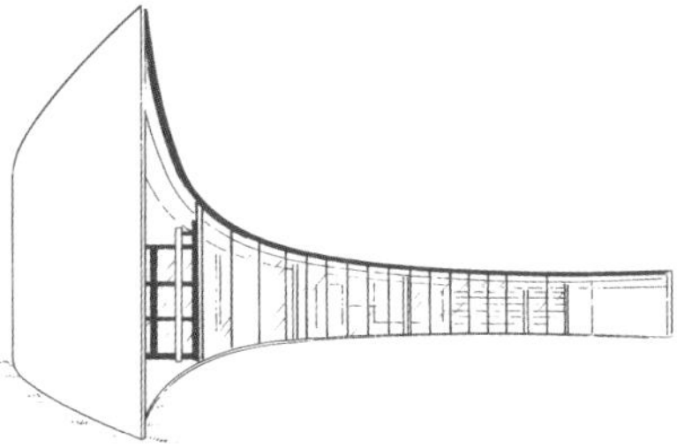

拓展视角

建筑的设计都是与景观息息相关的。肯 · 沙特尔沃思设计的位于英格兰威尔特郡的新月住宅的平面就是月牙形的。向外突出的弧形实墙充满防御气息并只设有一个小型入口。然而，新月住宅的另一侧的凹内壁是全玻璃的，可以看到使得建筑的每个房间都朝向花园，从而可以看到美丽的风景。

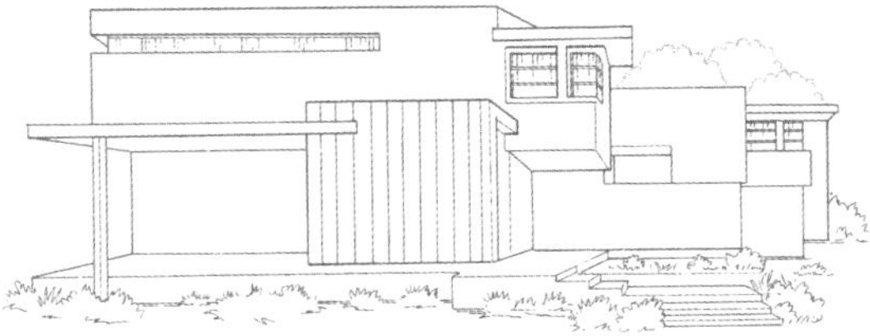

带状窗

经典的现代主义风格的窗是细且长的，并且通常围绕建筑的某一个角落。带状窗一般没有框架，或带有极薄且极低调的金属框架。自 20 世纪初起，带状窗就开始使用，当时沃尔特 · 格罗皮乌斯在他的大师住宅里设计并使用了带状窗，而这种设计至今仍然十分流行。

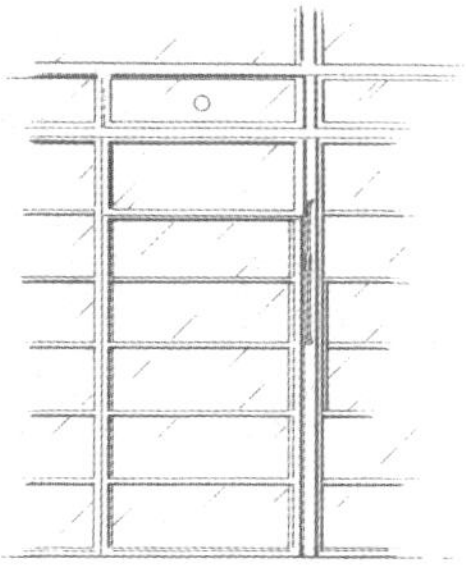

低调的门

除门上的小手柄和锁提示门的位置以外，伊默斯夫妇在美国加州的家庭住宅外表面几乎没有金属框架，且门就是墙面的简单延续。相对早期的现代主义风格的建筑来说，门不是重要的设计元素，而透明度、形式的延续以及美观度则更为重要。

现代主义风格·装饰

直到装饰成为住宅的功能性元素之后，它才成为现代主义风格的建筑师们所考虑的部分之一。不同的是，大多数现代住宅是通过结构元素的相互作用来展示装饰品的魅力的。相对于大多数现代主义风格的建筑师们所坚持的“形式服从功能”理念，后现代主义风格的建筑师们则积极寻求出彩的装饰。让人感到遗憾的是，后现代主义风格在风靡一时之后就陷入了萎靡的状态。至今后现代主义风格的建筑仍然处在流行的边缘。

实质性影响

建筑师肖恩·古德赛尔设计的位于澳大利亚维多利亚州的卡特·塔克住宅没有外部的装饰，只有大量的细木条覆盖在外立面上。这座住宅通过材料的选择使得当阳光穿透细长木条表面时能够营造出一种朦胧的美感。

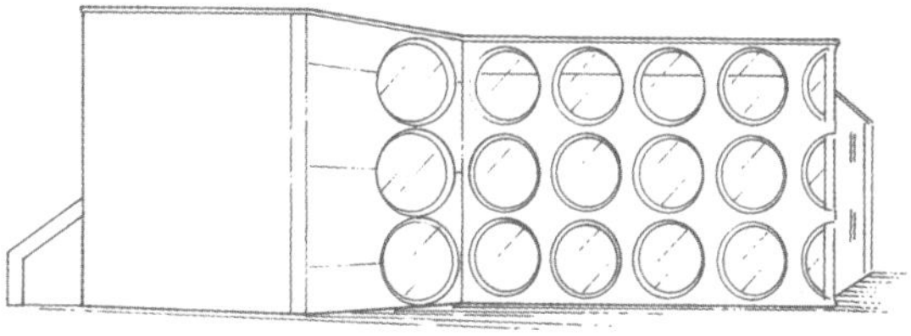

雕塑化的外观

用建筑物的外墙做艺术表达势必会产生强烈的视觉效果。菲利普·斯托比和埃伯哈德·特罗格设计的位于瑞士卢塞恩湖的O住宅采用简单的圆形图案把一面墙变成了大尺寸的雕塑。

装饰屏风

混凝土设计创意是现代主义风格的建筑师所讨厌的式样奇特的装饰中的极少数例外之一。尤其是在20世纪40年代和50年代，建筑师们采用装饰混凝土砌块砌墙，而其中最常见的就是用几何图案创造了隔绝住宅外部空间的屏风，这样不仅能减少日晒又能够保护隐私。

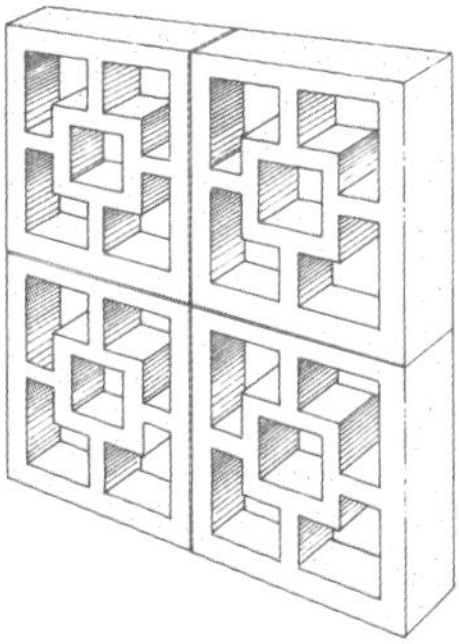

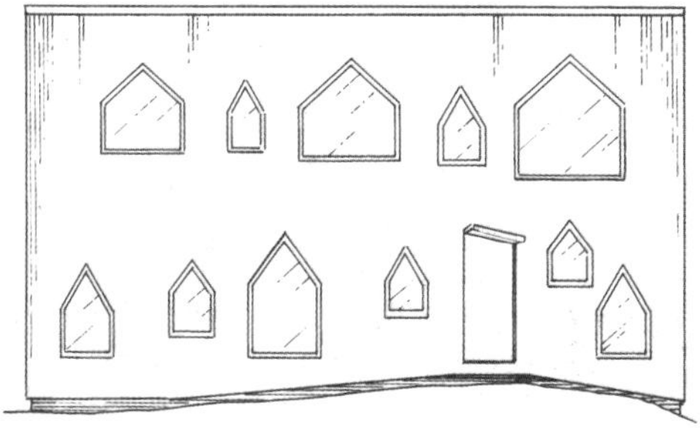

后现代主义风格反讽

现代主义风格的建筑倾向于使用矩形或者带状窗，而后现代主义风格的建筑则夸张地采用传统房屋形状的窗。虽然住宅本身的特征不包括人字屋顶，但是每扇玻璃窗都有人字屋顶。同时，门口上方的遮蔽物也滑稽地倾斜着，反映了日本后现代主义风格的建筑的设计理念。

暖色调的木材

纹理和色调丰富的木材是生活中的一种美妙的建筑材料。木地板、家具和木墙壁都比较耐用，其颜色主要是暖色调，会给人一种舒适的感觉。现代主义风格住宅则通常采用木材来抵消一些冷色调的材料效果，如钢材和混凝土等。

现代主义风格的建筑的室内设计往往要遵循以下两种设计趋势：一是采用白色的墙壁，然后房间内散落着几件大师设计的家具且这些家具通常色彩鲜艳；二是室内设计也完全由建筑师设计，精简房屋内的配置并趋向于极简主义。无论采用哪种设计，“秩序”一直是当代的重要话题。无论居住者想将室内的大量生活物品进行隐藏或刻意呈现，建筑中都应有很多可以用来放置日常生活琐碎物品的地方。

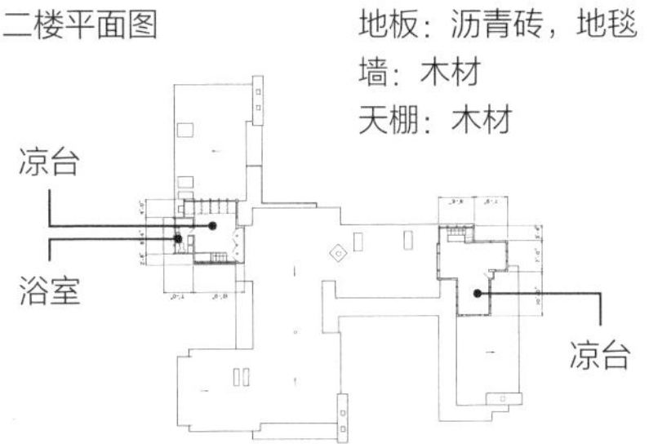

装饰最小化

鲁道夫·辛德勒于 1922 年设计的地处美国加州西好莱坞的辛德勒住宅是典型的、严格意义上的早期现代主义风格建筑，其极少采用复杂的建筑技巧。住宅的主要的生活区域有板凳、地毯和小型沙发，壁炉、地面和墙壁一样采用不加装饰的混凝土。因此，建筑的整体效果朴实无华。

冷色调的混凝土

与木材相反，混凝土是一种在物理上以及心理上相对冷感的材料。然而，现代主义风格的建筑师喜欢使用混凝土，并用于他们的装修方案中。也正是那些特别的，喜爱建筑的人才会日复一日地住在带有裸露混凝土墙的住宅里。

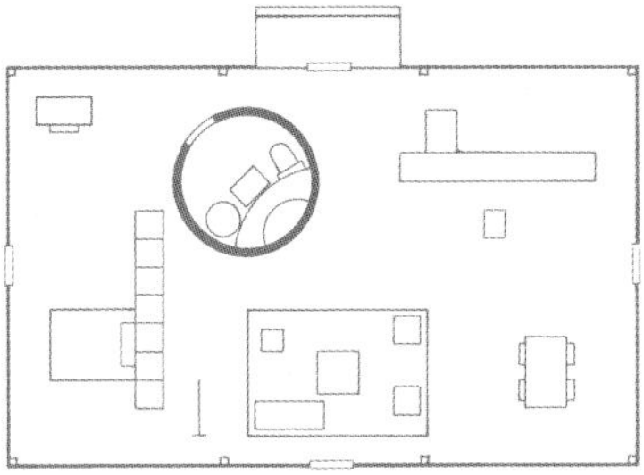

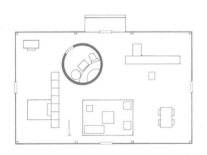

开放式布局

开放式设计不是严格意义上的现代主义风格的设计，但是这是该流派建筑师常运用的手法。由现代主义风格转为后现代主义风格建筑师的菲利普·约翰逊在美国康涅狄格州设计并建造了他的玻璃住宅，其中只有浴室用圆形的墙体围合，其他所有的房间都采用开放性设计并且其玻璃墙都是透明的。

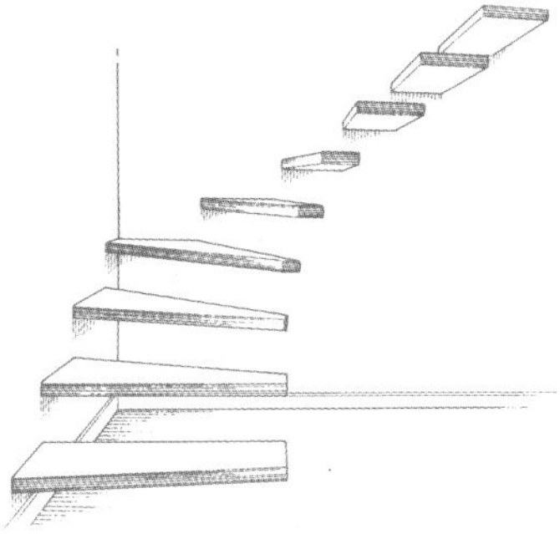

浮梯

摒弃住宅其他的要素而回归到只有必要组成部分的状态是现代主义风格的建筑师喜爱的方式之一。楼梯的设计也不例外，建筑师设计了固定的混凝土楼梯，其中除了踏面（脚踩的部分）从墙面突出来，再没有其他的构造。消失的楼梯构件包括栏杆和其他支承楼梯的部分。

KIT HOUSES

装配式住宅 • 简介

装配式住宅已经存在很久了。20 世纪初期，大西洋两岸的公司就一直在设计和销售给一些房主和专业人员可以用来建造家庭住宅套房的组件。在 20 世纪 20 年代，这种建筑和销售的模式在美国尤为流行。现今很多公司可以提供各种尺寸和风格的套房，这类建筑在新建住房市场仍占一定比重。装配式住宅的理念在不同的时期有着不同的内涵。在第二次世界大战期间，各国都政府承受了极大的压力。同时，轰炸还造成了严重的住房短缺问题。于是装配式住宅从最初的模式演变成能够满足人们对经济实惠的住宅的强烈需求的模式。像艾雷之家这样的装配式住宅就是当时的解决方案。这样的建筑成本低，且在城市和农村都能够快速建造。这种实惠的设计获得了早期成功后，许许多多的“艾雷之家”由预制混凝土列柱和堆叠的混凝土预制板建造起来，并在英国逐渐兴起。然而，随着时间的推移，混凝土会开裂，保温性能变差，对于新一

战后装配式住宅

艾雷之家是埃德温 · 艾雷爵士为建筑工程部的项目所设计的战后住房。这种建筑不但缓解了英国政府战后资金短缺的压力，还提供了居民负担得起的住宅。虽然大多数的住宅现在要拆除或全部翻新，但是仍有一些可作为战后城市发展的纪念碑。

代住户来说这种类型的住宅缺乏吸引力。

虽然许多建筑公司仍在设计和建造装配式住宅并将其推广到世界各地，但是相对现今的标准，艾雷之家因其建造低效和保暖性能差已经变得过时。在北美，建筑公司每年都卖出成千上万套装配式住宅，然而在欧洲，人们更青睐于砌体建筑，所以装配式住宅的需求受到了限制，而这种情况直到瑞典家居产品巨头宜家进入市场之后才有所改变。

宜家效应

"Boklok" 小屋被视为解决日益上升的住房要求的低价方案。瑞典宜家公司意识到这种房屋的需求后把建筑设计成独特的斯堪的纳维亚式风格。

"Boklok" 小屋是指为购房群体批量建造可组装的木结构排屋和公寓楼，建筑公司目前已开拓了瑞典、丹麦、挪威、芬兰、英国和德国的市场。"Boklok" 小屋是一个相对较新的概念型住宅，由大型公司和创新设计师提供不同装配样式的住宅，然后将其投入竞争激烈的市场中。正在生产的住宅用最好的工厂化标准建造，并有着最高的能源效率，以及良好的经济价值。即使是一向持有砖是最好的建筑材料观点的英国，也受到了如此快速高效设计且符合 21 世纪最高标准的建造方式的冲击。

KIT HOUSES

装配式住宅 • 建筑原型

产品目录式住房

西尔斯公司设计的现代住宅采用了各种形状和尺寸，并且，如果买方想修改其中的设计，该公司将会协助其且量身定制相应的模型。包含所有附件的未组装住宅会经由铁路运输到美国的任何地方，就像西尔斯公司的产品目录上的其他产品一样送到他们的买家手中。

1908 年，从西尔斯公司首次提出邮购房概念到 1940 年年间，该公司售出超过 70000 套住宅。这些住宅总共有 447 种不同的设计，从大型多层住宅到适合夏季度假者的没有浴室的小平房。西尔斯公司在其官方网站上声明，其推行的住宅不是创新的住宅设计，而是一种能够实现规模经济的建筑模式。买家可以买得起并且快速且廉价地对这些套房进行建造。该公司追随着时代新趋势，为客户提供着相应的设计。

现有的特征

先锋住宅是由加拿大设计师福姆和福雷斯特设计的两居室建筑。该住宅有着最新的现代化设计，却不像定制住宅一样的费用高昂。预制住宅是一种可以适应一定范围内预算的设计。这也许是许多购房者考虑预制住宅的因素之一。它正挑战着传统的装配式住宅市场。

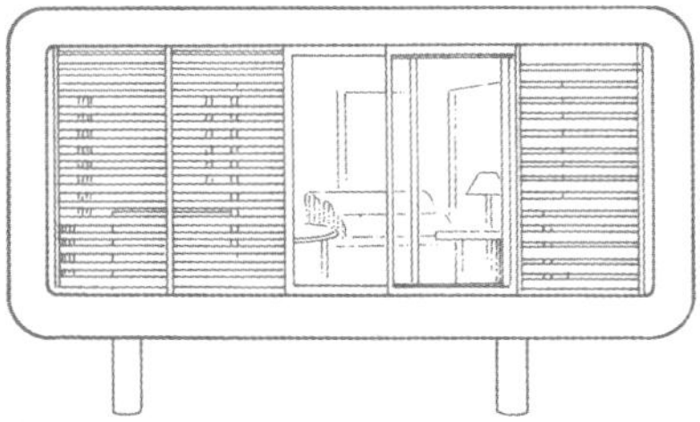

单箱解决方案

由沃纳·埃斯林格设计的立方体阁楼是设计师为需要开车上下班的城市上班族提供的超小型生活单元。在时髦的外壳下，立方体阁楼是一座一居室公寓。而且，立方体阁楼可以放置在现有的建筑物上或者狭小的城市用地上。

仿古套件

并不是每个人都想要超现代的套房，美国的利夫·埃奇公司就基于经典的柱梁设计，采用了传统的建筑理念设计了一座住宅，它设计紧凑并包含两个楼层以及多个房间，而这些全部是木结构且由带有覆层的外墙装配而成。

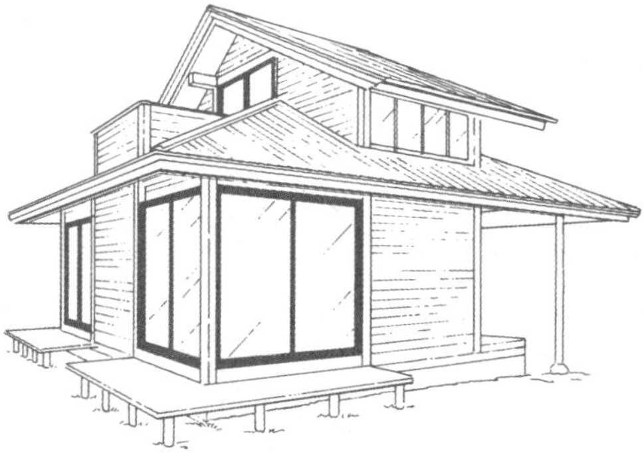

虽然西尔斯公司早已经停止销售装配式住宅，但是在美国和加拿大市场中不断有新公司出现取而代之。这些公司销售的住宅有着多坡度屋顶和大量白框窗，使得它们十分容易被辨认。在加拿大的巨大住宅市场中，吉尔德克雷公司和范思威公司是其中两家领先的模块化住宅制造公司。两家公司都提供了模块化的成套设备给当地开发商用于建造住宅。可能“装配式住宅”听起来像是临时居所，其实不然，这些住宅的结实耐用，而购房者也是在了解到住宅的材料和建筑质量达到公认的标准后才进行选购的。

传统模式

吉尔德克雷住宅有很多款式，但是这些款式都是基于传统设计来吸引众多购房者的。如图中的乡村模式建筑中，大型的光亮的山墙十分引人注目，而其他不太宏伟的版本则看起来与普通的开发商建造的住宅别无二致。

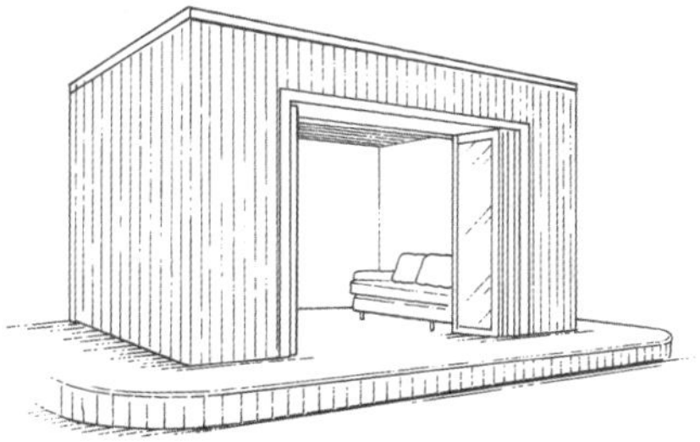

现代主义风格设计方案

立方体小屋这种英式设计本身不是一座住宅，而是一种为满足现今日益增长的模块化建筑市场来增加住宅空间的现代化建筑形式。立方体小屋是一个可以根据客户需求随意设计尺寸的空间，其既可放置于现有的建筑上，也可以简单地搭建成独立的办公室、卧室或者休闲空间。

圆形设计

虽然大部分装配式住宅都是立方形的，但是现今的精密技术使得像美国北卡罗来纳州的希尔科住宅建筑公司能够进行不一样的设计。这种预制板建筑的配套组件易于搭建，同时圆形外观使得住宅能更好地抵御飓风和地震。

日本创新

由于日本是一个人口众多的小岛国，其设计师通常喜欢设计创新的新型装配式住宅。圆顶屋不是由木头、金属或混凝土构成的，而是由发泡聚苯乙烯建造而成的，这种材料非常轻便且易于组装。同时，这种形状还可以防震，而内部的结构则促进了空气流通，从而减少了对空调的需求。

立体的预制建筑

住宅港是一家纽约建筑设计公司提供的不同寻常的预制设计，是为温暖且相对干燥的天气而设计的建筑。配套元件是一个立方体生活空间，主要由能够隔热的预制板建造，并由天幕顶棚进行遮蔽。以上两种构造之间的空间实现了空气流通，也造就了较为凉爽的内部环境，同时，其简易的结构便于搭建。

就像在英国，艾雷之家被视为第二次世界大战后住房危机的解决方案一样，在美国，吕斯托恩住宅满足着同样的需求。与传统的住宅完全不同，其钢结构和烤瓷金属预制板墙壁不需要进行维护。吕斯托恩公司原本预计用两年时间建造 4 万多座的住宅，而事实上，只有 3000 座住宅得以建成。庆幸的是，吕斯托恩公司至今仍有拥护者，且仍能找到该类型的住宅，这也说明了其建造的原始信念是符合大众需求的，即藐视“天气，穿着和时间”。

金属梦

由卡尔·斯特兰德伦德设计的地处美国印第安纳州的港口城市切斯特顿的吕斯托恩住宅是 20 世纪 40 年代政府支持的模块化建筑的幸存案例。矩形形状使得其能够以低廉的费用搭建在混凝土板的地基上。

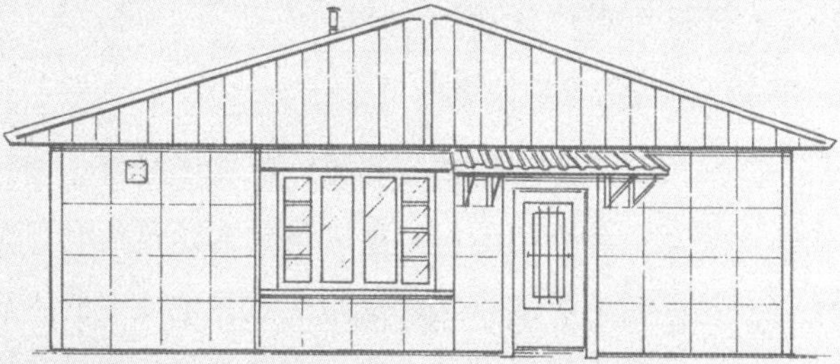

回归牧场式风格住宅

吕斯托恩住宅主要从美国的牧场式风格中提取了设计的美感，其采用简单的山墙和低坡屋顶。但明显不同之处是金属预制板墙壁和钢框窗将这座住宅与传统的建筑风格区分开来。

建筑内部

吕斯托恩住宅是专为现代家庭而设计的，有着低维护成本的墙壁和金属板构成的顶棚。住宅内的生活空间采用开放式设计，门可以滑进墙的凹槽里，这样的设计创造了紧凑的封闭空间。

窗口

大型窗口包括中央固定面板，其两侧是两个开放式的采光口，每块玻璃则分别由四个小窗格切割。压制钢构成的框架被安置在特别设计的窗口模块中，这样该模板可以整齐插入对应的金属预制板墙壁。

由于制造商和设计师在不断地创新，所以没有一种专门的材料或者特定的建筑技巧是与装配式住宅相关的。这就是装配式住宅演变的本质，即通过采用先进的技术和工序使得住宅能够建造得更好、更快、更高效。所有装配式住宅的共同点就是制造的精确度。因为这些建筑几乎都由工厂制造的零部件进行装配，所以制造商建造的容差相比建筑工地的工人建造的更小。以德国的胡夫住宅为例，如果从零开始建造，整个建造过程只需花费一个星期的时间。

设计风格

胡夫住宅是由同名的德国公司开发的木结构模块化的住宅。风格与其他制造商的不同，其中木结构是整体设计的重点。所以，胡夫住宅是基于现代主义风格制造的装配式住宅。

生活集装箱

这种装配式住宅不仅可以在现场建造木板和零配件进行组装，还可以直接是完整结构的，正如这个布列塔尼住宅的案例，住宅由两个海运集装箱组建而成，由法国建筑师克莱门特 · 吉莱设计。交叠的集装箱先在场外进行建造和装饰，然后运至指定位置，唯一需要做的就是接通水、电线路。

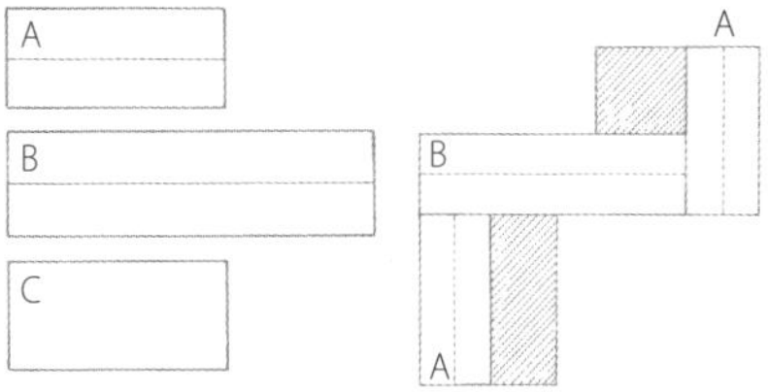

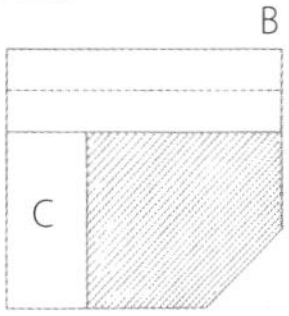

适应性设计

模块化住宅往往由制造商标出各种不同的型号，购房者根据需求购买相应型号的住宅。因此，“模块化”就意味着设计可以适应购房者的个性化需求。西尔斯公司在 20 世纪 20 年代就能提供这样的服务，而现今优秀的模块化住宅设计师们也这样做着。

完全由传送完成

像集装箱一样的建筑需要用移动的货车从澳大利亚的各个地区运输到建筑现场。这种预制住宅完全由远程建造完成，然后由一辆货车运送到现场。在地基完成的基础上，集装箱被放置在指定的位置上，接通水、电服务后 48 小时内便可入住。

生态友好型方案

蝴蝶屋是由挪威的 TYIN 特纳斯图恩建筑事务所为解决泰国低收入人群的购房需求而设计的住宅。木材、金属和竹子制成的预制住宅是展示装配式住宅是如何设计成适应几乎任何地点的基础案例。

一座住宅是装配式的并不意味着它一定与传统的建造方式不同。住宅的门和窗等结构要素的设计风格完全取决于该制造商想要实现的目标。门和窗的构造方式通常与传统的方法不同，因为它们是预置于墙壁内的结构组件，而壁板是传送到现场才进行装配的。这就意味着装配式住宅中所有的防风雨装置都以极高的精确度进行安装，因此，装配式住宅甚至比传统住宅能更好地适应气候的变化。

传统风格的门道

没有人会知道这是一座装配式住宅，除一些建筑元素不同之外。比如，门和窗建造的方式与传统工地建造的建筑不同。其特点在于门也许在房屋搭建以前就被安装在了墙壁里。

西尔斯窗扇

西尔斯窗扇被特意设计成与传统的窗相似的样式。因为西尔斯公司的卖点不是创意，而是为大众设计低成本且符合传统审美的住宅。

现代主义风格的入门

随着建筑风格的改变，装配式住宅的设计也有所变化。现今，模块化住宅多是现代主义风格的，其特征是平屋顶的门廊以及玻璃门，正如一个现代主义风格的建筑所约定俗成的那样。

奇异的窗的设计

五边形窗是丹麦伊思多姆斯公司设计的简易圆顶住宅的标志，然而这种设计却没有得到蓬勃发展。这些六边形和五边形面板被用于圆顶住宅的建造中，而其中的一些面板是玻璃制成的。

玻璃窗墙

玻璃窗的想法很好，那么为什么不建造玻璃窗墙呢？虽然隔热性能不理想，但地处美国纽约州布洛克岛的装配式住宅的特征就是将山墙划分成大尺寸的木结构框架，而其中的空间则镶嵌上玻璃，看上去就像一堵大型玻璃窗墙。

历史传统

由于其采用了一系列的传统装配式住宅的建筑风格，美国密歇根州的阿拉丁住宅是西尔斯公司建造的装配式住宅的竞品。这是于 1912 年为阿拉丁公司的经理秘书吕勒·索夫林而设计的工艺美术运动风格的建筑。这座阿拉丁住宅的名为布伦特伍德之家。

一座装配式住宅的装饰风格完全取决于制造商或设计师想要效仿的风格。像西尔斯公司建造的住宅一样，这些装配式住宅参考了很多现存的建筑风格，比如都铎式风格、殖民地风格、联邦风格、乔治王时代风格和维多利亚式风格。然而，吕斯托恩住宅和艾雷之家则向新材料和新技术看齐，以至于它们的外形与人们常见的不同。如今，装配式住宅的风格可以分成传统的和现代的两种，且这两种风格都有着明显特征和装饰“怪癖”。

美国传统墙体

许多美国装配式住宅的特点是使用“免维护”的塑料板来当作墙体，看起来好像使用的是木板墙体。这让住宅既有传统的美感，又有科技感，且可以利用现代能源，维修方式简便。选择此类住宅，购房者可以实现“两全其美”。

原木屋的美感

对于那些希望生活在北美农村的人来说，原木屋也许是最浪漫的装配式住宅。这种风格可以追溯到第一批欧洲殖民者抵达新大陆的时期，那时候生活在原木屋中无疑是让人感到舒适的。现代的装配式住宅也采用了这种浪漫的模式并将其转化为在 21 世纪可行的家庭住宅。

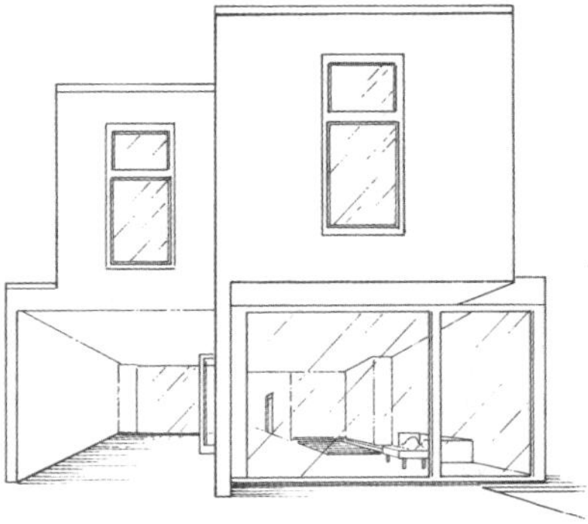

现代饰面

相对现代主义风格的装配式住宅来说，各种各样的外墙饰面令人眼花缭乱。设计师可以采用许多种材料，从塑料和金属，到木材、玻璃和混凝土等。这些装饰材料有机融合被妥当使用，打造出了外饰面光滑、干净，线条整洁的现代主义风格装配式住宅。

装配式住宅的样式完全取决于设计师或制造商的决定。如果住宅的建造是为了吸引大众市场，那么它必须能让大多数人接受，这就意味着该住宅的设计要符合大众审美。在室内设计方面，传统就意味着模制的装饰线条（墙脚线和门框），木制的门和窗框架，开放式的栏杆楼梯，以及顶棚边缘的装饰拱顶。然而，在典型的装配式住宅中，不同风格的简约设计则呈现出另一种奇异的美，令人着迷。

简约现代设计

将装配式住宅室内设计改善至最简约的模式不仅产生了一种特定的美感，还明显地降低了成本。本案例采用浅木色和白色作为主要的装饰色调，用现代的方式展现了住宅质朴的一面。

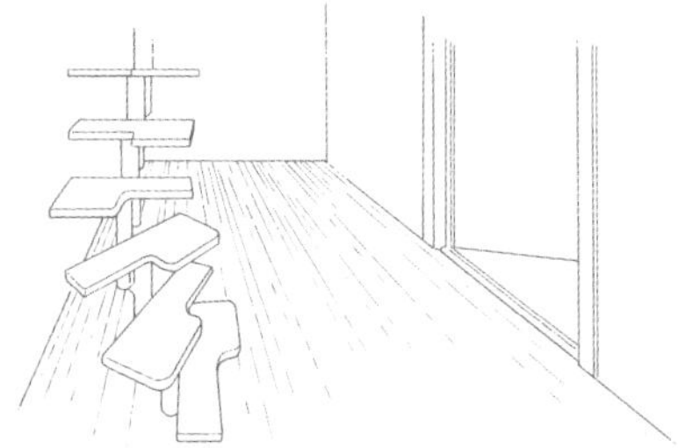

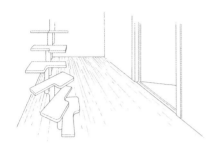

节省空间

由于装配式住宅的设计要最大化地体现经济适用性能，节省空间往往是装配式住宅设计中的一个重要动机。隐藏的储物空间十分常见，而简约的楼梯设计不但有良好的空间经济性，而且外表美观。同时，在建筑初期，建造者应当经常对建筑楼梯进行安全常规检查。

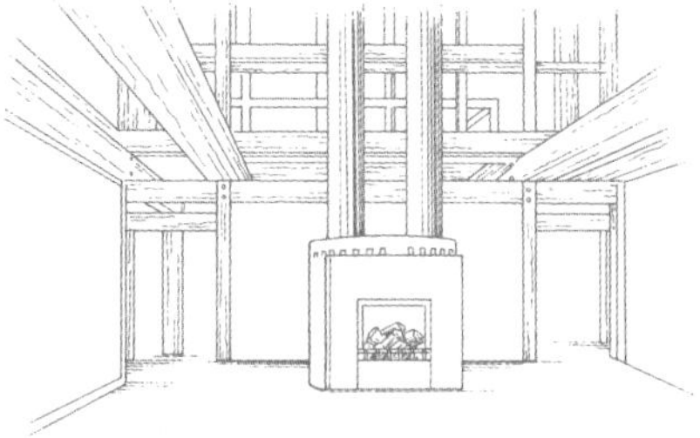

独特的风格

胡夫住宅是一座德式装配式住宅，且有着自己独特的内部美感。建筑木梁柱结构。此外，设计师还将住宅的黑色外观和白色墙壁进行对比，打造了黑白相间的背景，这样，居住者还可以在其中添加他们自己独特的风格。

瑞典风格

宜家装配式住宅的内部设计非常好，很“宜家”。在简洁的设计基础上，房间内部由居住者自行装修。棕木地板和浅色墙面的搭配使得房间在感觉上尺寸更大，营造了一种独特的美感。

小木屋传统

尺寸巨大的原木塑造了房间的整体外观，而且小木屋的内部和外部设计类似。这是殖民地风格的室内设计，即用砍下的原木建造住宅，营造了一种自然的美感。

不寻常风格 • 简介

没有一种风格或者概念包含了“不寻常风格”。正如这个章节的标题所示，本章节的住宅是不同寻常的且不常见的，也就是说它们绝对不是你看到的日常住宅。事实上，据不完全统计，每 10 万座普通建筑中可能只有一座真正在设计和建造上不同寻常的建筑。

“踩高跷”的钢结构住宅

罗伯特 · 布鲁诺设计的这座类似剑龙的钢结构住宅不是为满足居住的需求而是作为一个艺术项目而建造的。这座住宅的建造花费了罗伯特半辈子的时间，如今，它就是不同寻常的建筑代表。

然而，如果一本关于住宅的书没有包含最怪异的或最精彩的建筑，疯狂的或气候友好型建筑，奇异的或带有强烈的建筑表达欲的建筑，那么这本书就是不完整的。就以艺术家罗伯特 · 布鲁诺的钢结构住宅为例，这位艺术家花费数年在美国得克萨斯州兰瑟姆加伦边缘地区创造了这座看似来自外星的建筑纪念碑。钢结构住宅是一种艺术阐述，很多建筑设计师则把这种艺术融入进住宅设计中来进行一种建筑表达。这些固定在石头（木材或其他材料）上的建筑展现了建筑设计师们的职业信仰以及我们所向往的生活方式。

从理想的家庭和生活视角来看，我们一开始期望的是美感，但是如

往地下开拓

首次采用隧道挖掘技术，瑞士建筑师皮特·威斯建造了许多地球屋。这些地面以下的住宅实际上十分奢华，一系列不可或缺的拱门由喷射混凝土和绝缘固体泡沫构成。整体结构埋在厚厚的泥土里，随后会被美化并长满青草，以与自然环境相协调。

果住宅能够以更好、更高效的方式为我们的生活提供便利，那么我们所期望的就是其功能性。还有一些建筑可以通过智能的家居设计来减少其对环境的影响。

皮特·威斯在瑞士建造的地球屋就接受了这一挑战。该建筑的外表无疑是不同寻常且有魅力的，但是其设计的重点是功能性整座住宅被直接建造在地面以下。这样的建筑方式赋予住宅极好的热稳定性，地面保护住宅内部不受外部的温度变化的影响，从而使得生活区域全年保持一个恒定且舒适的温度。另外，由于建筑大部分外部结构在地面下，所以除了偶尔要用割草机进行整理以外，地球屋基本不需要维护。住宅本身具有较好的隔热性能，也就需要极少的能量来加热，这也是值得跟购房者推荐的卖点。

滑动的外壳

滑动之屋地处英格兰萨福克郡，这座住宅有着移动式的外墙，即在电动设施的帮助下，固态外墙可以巧妙地来回移动。移动的外墙可以覆盖或者暴露住宅的玻璃部分，从而创造了透明的生活空间和露天浴室。

不寻常风格的建筑原型是什么？答案是没有原型，但是以下的住宅都是创新的和古怪的设计范例，其中的很多元素在普通住宅中也有使用。例如，许多住宅设有温室和玻璃太阳房，但是这些区域通常在冬天较冷，而在夏天又太热。如果你能通过滑动固态外墙来调节玻璃墙开放的程度呢？DRMM 建筑事务所设计的“滑动之屋”将是你的完美选择。

微生活

尽量缩减我们的居住空间相对世界上日益拥挤的城市来说十分重要。由德国慕尼黑理工大学设计的微型住宅就将这个想法发挥到极致。其建造的小型生活空间囊括了常规尺寸建筑中的所有元素。

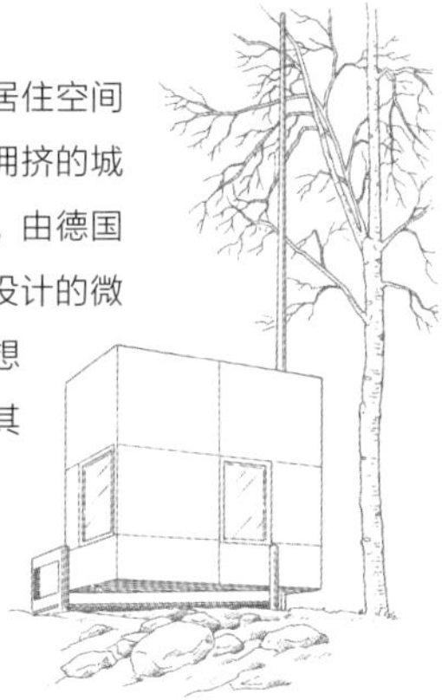

漂浮的住宅

当陆地不方便建造住宅时，那还有什么地方可以安家呢？在水上可以吗？由认证建筑师建造的水上美宅是一座传统的木结构住宅，就建于加拿大与美国共有的休伦湖中的两座小岛之间的一个浮筏上。

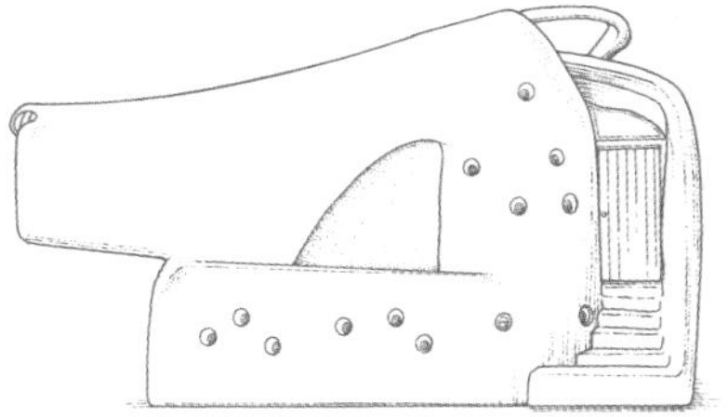

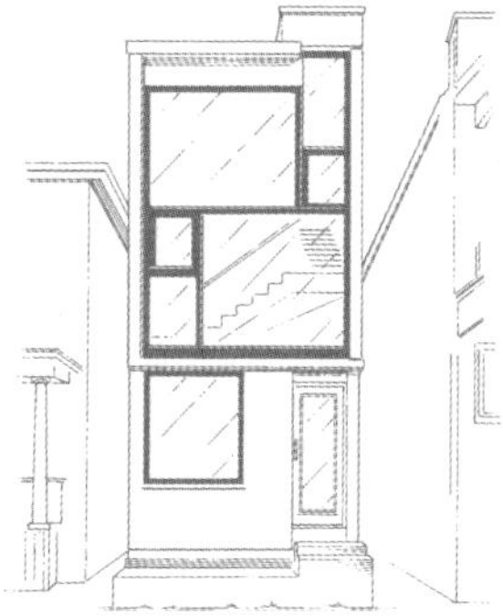

有机形态

牛田 · 芬德莱事务所设计的位于东京的曲墙住宅是建筑艺术的典范，其推崇着建筑形式应该模仿自然之美的理念。与其他住宅不同，这座住宅融入了曲线形外观设计的巧妙构思，创造了一个由混凝土建造而成的美丽且独特的住宅。

填充建筑

如果换一种角度来看现在拥挤的城市，你会发现有无数潜在的可建房地点。加莱住宅就是由建筑师唐纳德 · 庄在加拿大多伦多的两座现有的维多利亚式风格的建筑之间建造的细长且时髦的建筑。当传统的居住地块变得稀少或者太过昂贵时，填充建筑，正如其名，越来越普遍地出现在城市里。

极简主义风格是现代主义风格的一个分支，通过摒弃建筑基本需求以外的结构而达到极简效果。由于生活在一个极简主义风格的住宅里有太多的限制，所以这并不能得到大多数人的喜爱。然而，建筑的纯粹主义者却热衷于这种极简的建筑方式，安藤忠雄就是最为虔诚的极简主义风格的建筑师之一。以极简设计而出名的安藤忠雄用混凝土创造了许多超越传统建筑风格的住宅，甚至让我们不得不重新审视住宅、教堂甚至是繁华街道。

简约的设计

安藤忠雄设计的位于日本大阪住吉的长屋是极简的亚洲风格的住宅。狭窄的正面外墙可以延伸到细长的建筑内部，其中成排的房间一直排列到尽头。安藤忠雄采用未经装饰的外墙展示了有空间感与安宁氛围的建筑。

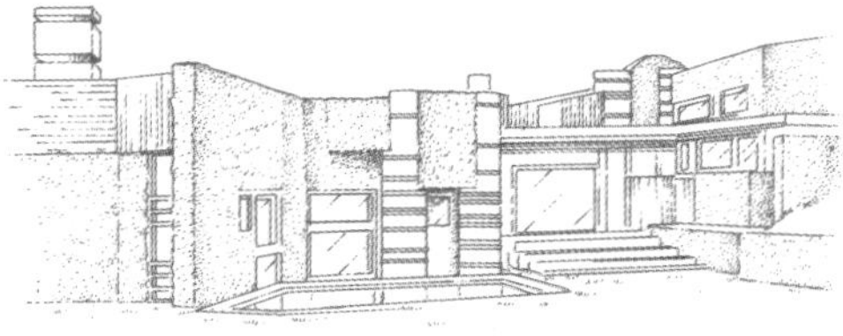

地下生活

卡罗·斯卡帕于 1978 年设计的位于意大利威尼托大区的奥托林吉别墅建在地下，从而克服建筑物受到高度限制的缺陷，但住宅只有一面可见的外墙。

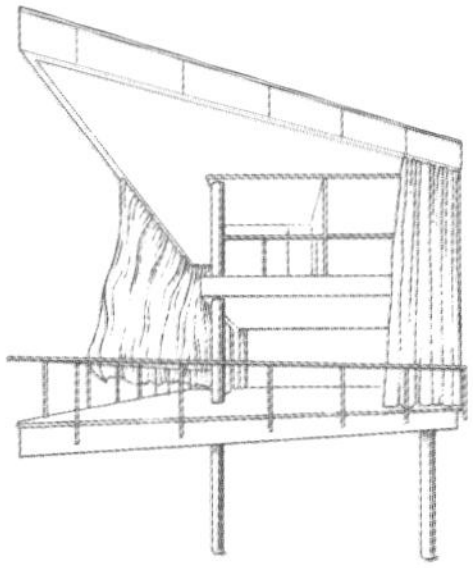

惊人的外观

当建筑师被给予自由发挥的机会时，他们总有一些疯狂的想法。日本建筑师阪茂设计的位于东京的窗帘墙屋是被织物和窗帘覆盖的混凝土结构住宅。虽然这种设计在很多地方都不可行，但也说明了这种可替换材料作为建筑材料的潜能。

岩石屋

当住宅被安置在岩石里时，人们就称之为洞穴。然而，我们的祖先不仅仅是简单地搬进岩石洞穴，还采用了创新的手法。他们在岩石表面分割出房间并建造正立面，就像地处英格兰伍斯特郡的岩石屋一样。

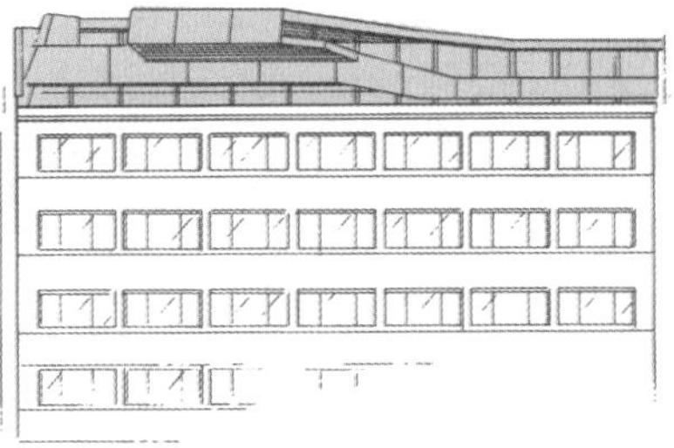

屋顶生活

如果城市被填满了我们可以在哪里建造住宅呢？澳大利亚建筑师 DMAA 告诉我们的答案就是现有建筑的顶端。Ray 1 就是设计并建于奥地利维也纳市中心的一座普通的办公大楼顶上的未来主义风格住宅。

理查德·巴克明斯特·福勒在他的建筑职业生涯中创造了一种独一无二的建筑类型，同时还对网状球形穹顶进行了推广。他建造的最有趣也最持久的建筑可能就是他和安妮·休利特的住宅——福勒圆顶屋。位于美国伊利诺伊州的福勒圆顶屋现在已经由志愿者进行翻新，从而使游客看到一座不同寻常的住宅的同时，体会到住在这样的由复杂建筑框架和三角形预制板建成的房子里的感受。福勒设计这座住宅的初衷是为了快速解决住房短缺问题，并希望这种建筑以装配式住宅的形式进入那些难接近的地区。

圆顶屋

球形的福勒圆顶屋采用三角形框架互相支承来构造坚固的外部结构，这样住宅内部就不需要支承性结构。我们要解决的问题是承包商们建造住宅以及使用防水材料和安装节点的方法。

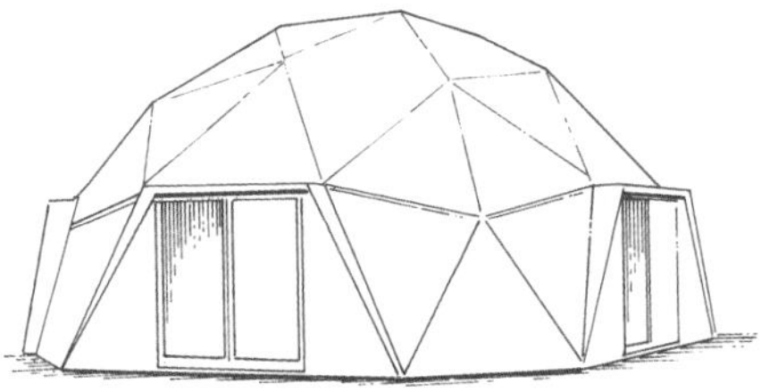

外部视图

从建筑的外部来看，福勒圆顶屋的三角结构的设计理念更易于理解。虽然建筑的整体形状是曲线形的，但是其各个元素都是由杆和节点（焊接元件）固定的连续三角形框架。

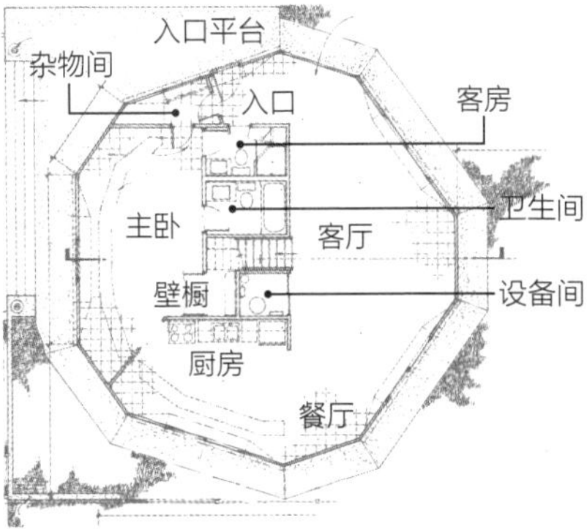

主楼层的内部规划

建筑师的内部设计以开放式为主。其厨房紧靠着设备间，而设备间里有所必需的取暖设备和烹饪设备。其他剩余的封闭空间就是两个卫生间，分别位于主卧和客房里。

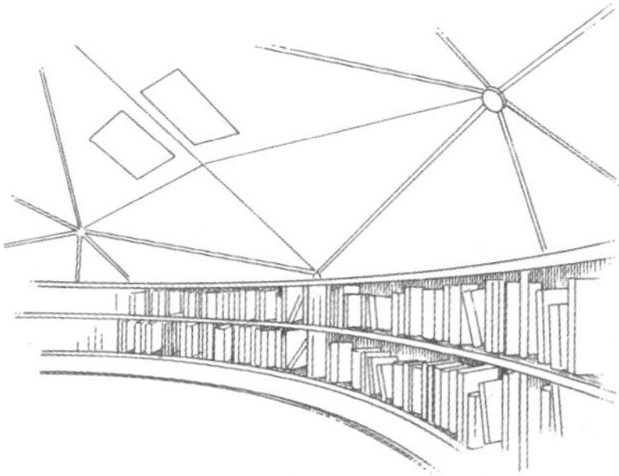

曲线形书架

沿着住宅的曲线形墙壁配置家具是一种挑战，但福勒就在上部楼层的房间中为自己设计了依附墙壁的内置书柜。

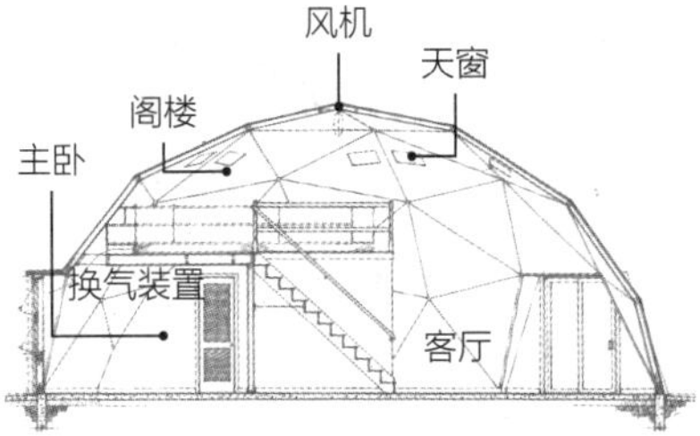

剖面视图

从福勒圆顶屋的一个剖面中，我们可以看出建筑内部没有任何支承，而是三角结构相互作用，自我支承。这就意味着建筑可以采用任意一种内部空间划分的方式。

随着科学和技术的进步，用来建造住宅的材料也变得更加纷繁多样。曾经，类似纸或橡胶类的材料被用于建筑的想法显得很荒谬，但是现在如果建筑的属性和地理位置允许的话，这些材料也是可行的选择。同时随着环境问题的出现，自然材料重新博得了众人的好感。如今，稻草是比较常用的建筑材料，而回收的轮胎、塑料瓶和玻璃瓶则因其低廉的成本被建造成了坚固耐用的墙。这些材料在保温性能和防风雨性能上甚至能够与传统或者高科技的建筑材料相媲美。

地球之船

地球之船这类建筑的数量在美国和欧洲呈现不断增长的趋势。这表明我们完全可以采用可再生材料，可持续发展地建造住宅。在这座住宅中，墙壁由装满沙子或石头的回收轮胎制成，而玻璃瓶则像砖一样被堆砌起来。

挖掘出的洞穴

这座童话般的住宅由泥土、树枝和石材建造而成，是一座环境友好型建筑。英国的这位建筑师使用了当地的一些材料，如树枝、泥土和岩石，同时还加入稻草和石灰浆建造了这座住宅。这也是一座符合高环保标准的独一无二的住宅。

结构外观

日本建筑师远藤政树设计的位于日本东京的自然椭圆宅是一座由纤维建造的建筑。与窗帘墙屋不同，该建筑的半刚性外表面是由一种纤维增强聚合物通过激光切割附着在金属龙骨上而建成的。

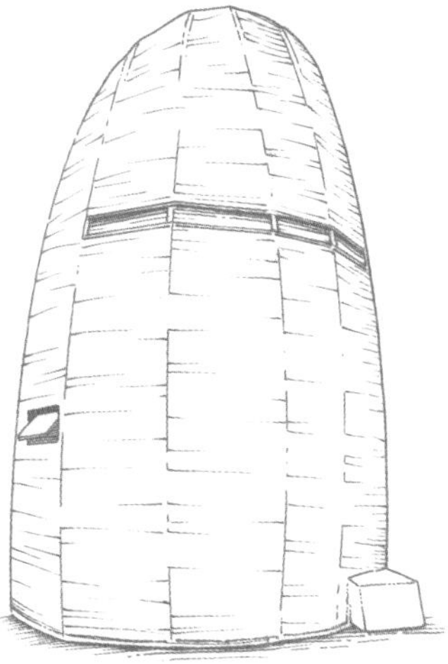

高效节能

随着环保型建筑变得越来越普遍，这些地处法国北部敦刻尔克郊区的住宅可以作为环保型建筑的范例。由 ZED 工厂设计的这些住宅的特征包括超强的隔热功能，太阳能供热以及供电，自然采光和通风，循环利用水资源以及一系列传统住宅的特征。

由内而外

生息住宅地处德国盖尔恩豪森，由北落师门星工作室设计而成。这个工作室由两名建筑师组成，一名是艺术家而另一名是诗人，他们共同创造了相对中世纪小镇来说不寻常的住宅。这座建筑颠覆了住宅只是私人空间的观念，其有一个楼层像一个巨大的抽屉一样可以滑出，连同住宅上网格窗一起，仿佛在邀请路人一起同行。

门和窗是住宅的重要组成部分，其中门通常只有一个基础用途，而窗却有实现多种美感和调节环境功能的潜力。玻璃窗就可以增强自然采光，拓宽视野，甚至在不同的颜色或图案处理下可以产生一定的艺术效果。窗可以作为一个整体进行密封以保持稳定的内部环境，也可以开启成为建筑通风系统的一部分。如今，玻璃窗甚至可以利用太阳能，而成为住宅能源策略的一部分。

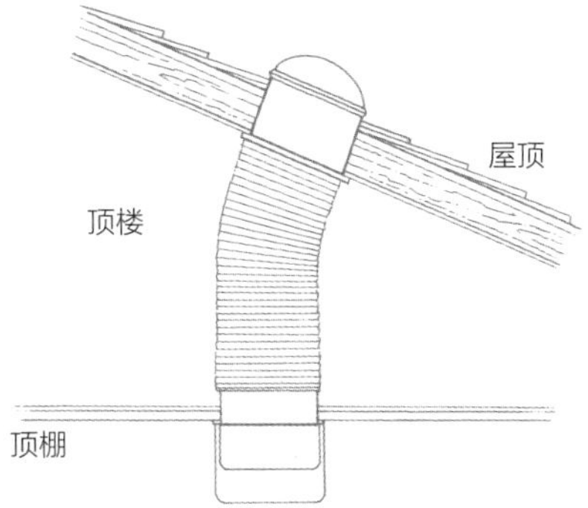

从上方透进的自然光

为了让自然光透进住宅中央，建筑师们采用了太阳能管。阳光照进有反射涂层的太阳能管，通过反射，自然光就能照进住宅最黑暗的角落。

开放式外观

如果景观很好，为什么不打开整个外墙呢？汤姆 · 昆迪希设计的位于美国爱达荷州的鸡角小屋就有一面带有转轴的玻璃墙，可以把玻璃墙内部翻转到外部。正如所有伟大的建筑创新一样，这种处理办法既简单而又令人兴奋。

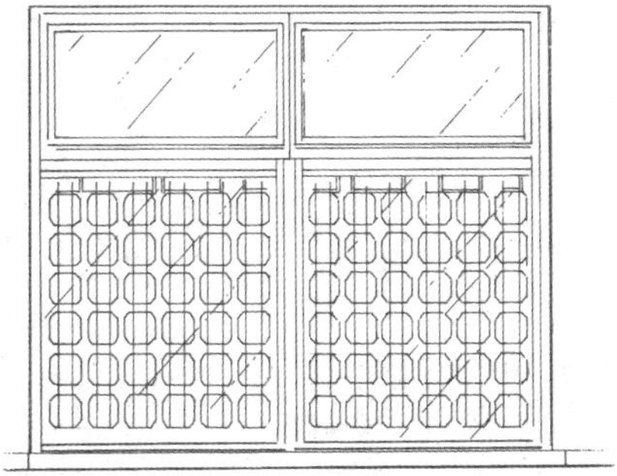

能量窗

随着光伏技术的进步，当代的住宅也开始安装太阳能窗。这些玻璃元件不仅能吸入光线，还能吸收太阳能作为住宅的电力储备系统。

作为艺术品的建造

奥尼卡建筑师事务所于2006年设计的位于墨西哥的鹦鹉螺贝壳屋的内部和外部都没有垂直墙壁。这座建筑十分独特且神奇，不仅是因为建筑师想出如此奇妙的建筑创意，还因为该建筑形式需要精湛、复杂的建筑技巧。

装饰是关乎所有建筑的各个方面品味的关键一环，而在建筑上的大型装饰更是需要审慎的决策。这也许就是公然厌恶装饰的现代主义风格建筑却仍然十分受欢迎的原因。当一座建筑采用一些大型奢华的外部装饰时，就必定会产生一种不同寻常的风格。以墨西哥的鹦鹉螺贝壳屋为例，该建筑的外壳甚至比建筑本身更具雕塑性。

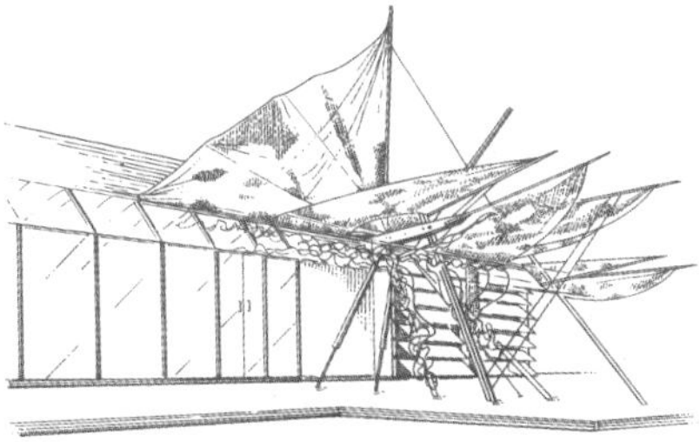

当代的屋顶设计

也许这是后现代主义风格建筑却又大有不同。劳里 · 切特伍德设计的位于英格兰萨里郡的戈德尔明蝴蝶屋受启发于蝴蝶的一生的变化，他采用高科技和工业化材料完成了这一设计。

浇筑混凝土

这座现代主义风格的住宅因其上层建筑采用不同寻常的外观而与众不同。摒弃空白的混凝土墙体，该建筑师采用了三角连锁形式，从而使得建筑的外表面更加具有活力。

烟囱雕塑

没有哪位建筑师的雕塑设计比安东尼 · 高迪的作品更著名。这位西班牙建筑大师的设计作品中，每一部分都有令人惊奇的元素。以巴塞罗那市中心的米拉之家为例，住宅的屋顶就有着神奇的烟囱设计。

有生机的墙壁

曾经，常青藤爬上了农舍的墙，而现在建筑师们则把植物当作建筑外部具有装饰性且环保的设计。生机勃勃的墙壁和绿油油的屋顶不仅美观，而且体现了建筑的可持续性。

与外部装饰一样，设计师也能进行不同寻常的室内设计，这些设计可以包括很多东西，也没有明确的建筑规则或者价值理念要遵守。室内设计的种类多种多样，从完全稀奇古怪的设计到独特且创新的设计，有些设计是特殊的，有些设计则是可以用于多数的普通住宅中。对于那些古怪的设计，我们也热衷于将其融入我们的生活中。位于法国南部建造于 20 世纪 70 年代的气泡城堡就属于前者：在这样与众不同的建筑中，其独一无二的室内设计不适用于任何其他地方。

室内布置

安提 · 奈特设计的地处法国维埃拉的气泡城堡采用圆顶结构，建筑的内部和外壳都充斥着曲线美。如同电影布景一样，房间里有着一些古怪的元素，如特殊形状的拱门，圆形的凹室以及曲面墙等。

适应性内部设计

张智强设计的位于北京的箱宅将一座一居室且两边布满窗的临时建筑物转变成带有卧室、浴室以及生活空间分区的住宅。其中，采用折叠板和升降板来划分整体的空间，这也揭示了一些隐藏在住宅内部构造中的秘密空间。

回收品装饰

俗话说得好，“一个人的垃圾是另一个人的宝藏”，而这句话就很好地诠释了这座建筑。其中各种废旧物品都用于建造和装修这座住宅。回收的瓶子、瓶塞、彩色瓷砖、木板等为住宅内部装饰添加了独特而美丽的装饰效果。

木壁纸

在横切原木形成截面纹理之后，就构成了绝妙的墙纸。虽然木制墙纸的制作方法有很多种，但是最终都营造了一种饱满且温暖的室内氛围。

楼梯切换

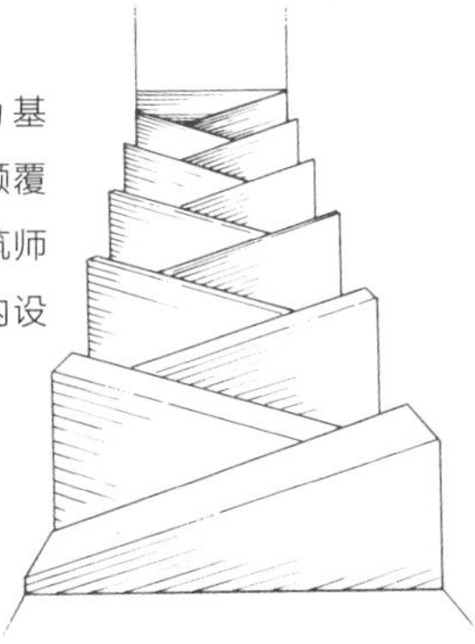

以一个元素为基础，然后进行颠覆是设计师和建筑师比较常用的室内设计技巧，比如曲面墙和隐藏空间等。楼梯通常采用标准化设计，但是右图中的设计却是个例外。虽然这座楼梯的攀爬难度仍然值得商榷，但这个神奇俏皮的创意仍成就了一组室内设计杰作。

致 谢

我要感谢Jason Hook，Caroline Earle，Michael Whitehead，Stephanie Evans，Jamie Pumfrey和常青藤出版社的其他成员，感谢他们杰出的工作表现，他们采用我的建筑稿以及随后的文稿，并把它们转变成这本奇妙的书。同时，我还要感谢众多的作家，建筑师以及网站创建者，他们向我展现了很多的知识财富，帮助我完成了这本书的出版。最后，我更要感谢我的妻子斯蒂芬妮，感谢她不断支持鼓励着我所有的努力。

ECTION
ELEVATION
INTERIO
7'-4 5/8"
2'-8 5/8"
DOOR DETAILS
FIRST FLOOR HALL
1"=1'-0"
1:12
0
1
2
3
FEET
1"=1'-0"
PLAN
2'-8 5/8"